DEUTSCHE AKADEMIE DER WISSENSCHAFTEN ZU BERLIN

Veröffentlichungen des Geodätischen Instituts in Potsdam

Nr. 24

DIE WIRKUNG DES WINDES AUF EIN ZEITSYSTEM

Von

HELMUT KRÜGER

Mit 33 Abbildungen und 7 Tabellen

AKADEMIE-VERLAG · BERLIN

1963

Erschienen im Akademie-Verlag GmbH, Berlin W 8, Leipziger Straße 3—4

Lizenznummer: 202 · 100/510/63
Gesamtherstellung: VEB Druckerei „Thomas Müntzer" Bad Langensalza
Bestellnummer: 2016/24 · ES 19 C · Preis: DM 20,50

ZUSAMMENFASSUNG

Die Abhängigkeit der Ergebnisse astronomischer Zeitbestimmungen von Richtung und Stärke des Boden- und Höhenwindes wird dargestellt. Östliche Winde sind von stärkerem Einfluß als westliche. Die Anwendung der Ergebnisse bezüglich des Bodenwindes auf ein Zeitsystem führt zu negativer Änderung der geographischen Länge der Beobachtungsstation und zur Glättung der Zeitangaben. Betrachtungen über die Ursache des Windeinflusses an Hand meteorologischer Grundtatsachen legen die Vermutung nahe, daß sie in jahreszeitlichen Luftmassenverlagerungen zu suchen ist.

INHALTSVERZEICHNIS

VORWORT

1. Rückblick

Zu den Einflüssen, denen astronomische Zeit-, Breiten- und Azimutmessungen ausgesetzt sind, gehört der seit 1913 bekannte Einfluß des Windes. Er wurde durch A. EDDINGTON in Greenwich mit Hilfe des Zenitteleskops entdeckt und später auf den Breitenstationen Mizusawa und Carloforte sowie bei Azimutmessungen in Greenwich bestätigt und durch die Autoren S. KAWASAKI (1928, 1934) und H. SPENCER JONES (1935, 1944) dargestellt. Bezüglich der Zeitbestimmungen verweise ich auf die Untersuchungen von MIYADI [1], ZVEREV [2] und die photoelektrischen Beobachtungen in Leningrad [3]. Das Phänomen wurde also bei allen drei Aufgabenstellungen auf geographisch weit voneinander entfernt gelegenen Stationen beobachtet und an verschiedenen Instrumententypen ermittelt; wobei von besonderem Interesse ist, daß sowohl mit Libellen ausgestattete Instrumente als auch solche mit Quecksilberhorizont dem Windeinfluß unterliegen.

In meiner Untersuchung [4] ,,Über den Einfluß des Windes auf Zeitbestimmungen in Tokio, Leningrad und Potsdam" wurde weitgehende Übereinstimmung zwischen diesen drei Stationen bezüglich der Wirkung der Wind*richtungen* auf die Uhrkorrektionen festgestellt. Insbesondere fiel die stärkere Wirkung östlicher Winde auf. Die Allgemeingültigkeit für den asiatisch-europäischen Kontinent wurde durch die bei der Aufspaltung des Beobachtungsmaterials in Jahreszeiten für Tokio und Potsdam auftretende Übereinstimmung der Amplituden für das Phänomen deutlich, besonders in den hervorstechenden Monaten September bis November.

Ein Versuch [5], die von N. STOYKO [6] festgestellten jahreszeitlichen Schwankungen geographischer Längen zwischen einem mittleren europäischen Observatorium und Tokio einerseits sowie zwischen ersterem und Nordamerika (Washington, Ottawa) andererseits auf Windeinflüsse zurückzuführen, ergab, daß zwischen Europa und Tokio die Längenschwankungen dadurch gut erklärt werden können. Zwischen Europa und Nordamerika ergaben sich aber Abweichungen, die die strenge Gültigkeit des in Potsdam ermittelten Windeffektes für Nordamerika fraglich machten.

Eine Betrachtung [7, Seite 68, 69] des Isobarenverlaufs in der 500-mb-Fläche für die Nordhalbkugel zeigt weitgehende Übereinstimmung der Höhenströmungen in Asien und Europa. Dagegen zeigen die Isobaren dieser Fläche über Nordamerika eine starke Ausbuchtung (Kältezunge) nach Süden, und somit herrscht dort eine durchschnittlich andere Höhenströmung. Dieser Umstand sowie die Suche nach Erklärungsmöglichkeiten für die Charakteristika des Windeffektes und der Wunsch, die Wirkung der gesamten Troposphäre auf Zeitbestimmungen überhaupt kennenzulernen, führten schließlich zur Einbeziehung eines mittleren Höhenwindes in die Untersuchungen in Potsdam.

2. Aufgabenstellung

In der Folge ist vom Einfluß des Windes ausschließlich auf Zeitbestimmungen beim Geodätischen Institut in Potsdam die Rede. Nachdem in bezug auf den Einfluß der Wind*richtungen* mit den Stationen Leningrad und Tokio Übereinstimmung festgestellt worden war, wurde die Aufgabenstellung folgendermaßen erweitert:

1. Der Einfluß der Wind*stärke,* getrennt nach östlichen und westlichen Winden und nach Monaten.
2. Erweiterung der Untersuchungen auf den Bereich der gesamten Troposphäre durch Feststellung eines mittleren Höhenwindes und Ermittlung der Korrelation zwischen Boden- und Höhenwind.
3. Der Einfluß von Richtung und Stärke des Höhenwindes auf die Uhrkorrektionen.
4. Die Wirkung des Windes auf das Potsdamer Zeitsystem.
5. Vergleichende Betrachtungen zwischen dem Verhalten der meteorologischen Daten und ihrem Einfluß auf die Uhrkorrektionen.
6. Versuch einer Darstellung der möglichen Ursachen des Windeffektes.

Das Ziel der Untersuchungen schlechthin ist die Verbesserung des Zeitdienstes durch Ausschalten atmosphärischer Einflüsse. Die bei den Untersuchungsergebnissen auftretenden, verschiedenen Symptome führten zu dem Bedürfnis, diese durch vergleichende Betrachtungen und Hinweise auf meteorologische Grundtatsachen zu erhellen. Jedoch muß ich endgültige Interpretationen einem meteorologisch geschulten Geophysiker überlassen. Ich habe versucht, der astronomischen Zeitmessung die Möglichkeit zur Ausschaltung einer atmosphärischen Fehlerquelle zu verschaffen, und hoffe, das umfangreiche Beobachtungsmaterial so aufbereitet zu haben, daß es — mit gewissen Einschränkungen für den Höhenwind — auch dem Theoretiker von Nutzen sein kann.

In Diskussionen mit den Herren Prof. Dr. W. UHINK, Prof. Dr. K. REICHENEDER und Dipl.-Ing. E. BUSCHMANN vom Geodätischen Institut Potsdam sowie Herrn Dr. W. BOER vom Hauptamt für Klimatologie in Potsdam empfing ich Hinweise und Anregungen. Bei den Rechenarbeiten wurde ich in verständnisvoller Weise durch die math.-techn. Assistentin Fräulein A. ANISIMOFF unterstützt. Den Genannten spreche ich an dieser Stelle meinen herzlichen Dank für ihr stets reges Interesse aus, das den Untersuchungen in mancher Hinsicht förderlich gewesen ist.

Potsdam, im Juli 1962

HELMUT KRÜGER

EINLEITUNG

Als Folge des Literaturstudiums [8 bis 12] zur Frage atmosphärischer Einflüsse auf astronomische Beobachtungen gingen auch meine, etwa 1952 begonnenen, Untersuchungen von der Annahme eines refraktionsmäßigen Einflusses aus [13]. Lediglich die Arbeiten [11] und [12] ließen erkennen, daß mit den Mitteln astronomischer Präzisionsmessungen refraktionsmäßige Einflüsse aus der freien Atmosphäre bei der Kleinheit der Beträge und im Hinblick auf die Überlagerung durch andere Fehlerquellen nicht nachweisbar sind. Andererseits wurde meine Aufmerksamkeit durch die Untersuchungen von H. Kienle [10] über Saalrefraktion doch wieder auf die Verhältnisse außerhalb des Beobachtungsraumes gelenkt, blieb aber an refraktionsmäßigen Erklärungsversuchen haften. Deshalb benutzte ich in [13] die mit Hilfe des Ablenkungswinkels vom effektiven Wind gebildete Gradientrichtung (Abb. 1) zur Ermittlung der Ost-West-Komponente und untersuchte damit den Einfluß auf die Korrektion der Uhrkorrektionen (ΔU), ΔU entspricht (e) in [27]. Unter Annahme normaler Refraktion wurde das empirische Ergebnis einer theoretischen Abschätzung gegenübergestellt, wobei das Verhältnis 3′,7 : 1′,1 für die Schichtenneigung ermittelt wurde. Die theoretische Erwartung war also erheblich überschritten.

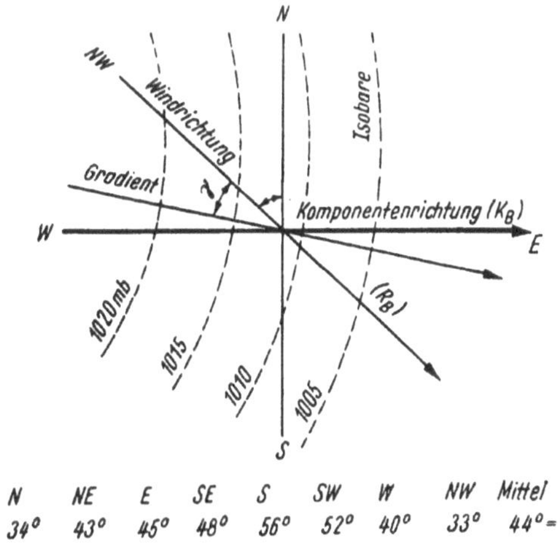

Abb. 1. Beziehung zwischen Wind-, Gradient- und Komponentenrichtung

Nachdem mir die Untersuchung von Miyadi [1] zur Verfügung stand, stellte ich in [4] unter Benutzung effektiven Windes einen direkten Vergleich mit [1] an. Die Übereinstimmung im Jahresdurchschnitt sowie bei Trennung in Jahreszeiten war so gut, daß bei allen weiteren Untersuchungen in Potsdam, bis auf den Versuch im Abschnitt B. 9., auf die Annahme von Refraktionswirkung aus der freien Atmosphäre verzichtet wurde. Das heißt, daß die weitere Bearbeitung mit effektivem Wind und nicht mit Gradienten erfolgte. Die so festgestellten Amplituden [4] übertrafen die anfangs [13] ermittelten um ein Mehrfaches.

Die Diskrepanz bei visueller Beobachtung mit dem Passageinstrument, zwischen dem inneren mittleren Fehler einer Zeitbestimmung von ± 7 bis ± 12 ms und dem äußeren mittleren Fehler von ± 15 bis ± 25 ms bietet ein umfangreiches Feld schwieriger Untersuchungen, da sie sich aus wesensverschiedenen und schwer trennbaren Teilerscheinungen zusammensetzt. Obwohl der Wert der hier zu beschreibenden Untersuchungen nicht in einer Klärung jener Diskrepanz zum Ausdruck kommt, da sie nur eine geringe Abnahme erfährt, so soll doch nicht verhohlen werden, daß auch diese Hoffnung an das Ziel der Arbeit geknüpft war. Das in dieser Hinsicht unbefriedigende Ergebnis bestätigt indessen um so mehr die Notwendigkeit der Ausschaltung persönlicher und instrumenteller Fehlerquellen.

Unter den in den Zeitdiensten gebräuchlichen Instrumententypen (1. visuelles Passageinstrument, 2. photoelektrisches Passageinstrument, 3. Astrolab von Danjon, 4. photographisches Zenitteleskop) liefern die für meine Untersuchungen zur Verfügung stehenden visuellen Passageinstrumente die schlechtesten Ergebnisse, zumal die persönliche Gleichung nur im statistischen Mittel erfaßbar ist. Die Arbeiten [1—4] zeigen jedoch, daß auch mit diesem Instrumententyp aufschlußreiche Untersuchungen vorliegender Art möglich sind. Daß ein so ausgerüsteter Zeitdienst im internationalen Rahmen [14] überhaupt konkurrenzfähig sein kann, mag diejenigen zur Mitarbeit am vorliegenden Problem ermuntern, die auch nur über eine derartige Ausrüstung verfügen. Selbst mit den besseren Instrumententypen ist es bis heute mittels einer einzigen Zeitbestimmung nicht möglich, Quarzuhren zu kontrollieren. Stets muß eine größere Anzahl von Zeitbestimmungen in einem Mittelwert zusammengefaßt werden und durch gleitende Ausgleichungen die Uhrenkontrolle durchgeführt werden. So ist auch zur Ermittlung des Windeffektes mit den Instrumententypen 2. bis 4., insbesondere bezüglich der jahreszeitlichen Schwankungen des Effektes, die Verwendung mehrjähriger Beobachtungsreihen unerläßlich.

Die Arbeitsweise des Zeitdienstes des G.I.P. für die Jahre 1950 bis 1956 ist beschrieben von W. UHINK in [15] und von mir in [13]. Dort sind folgende Einzelheiten behandelt:

1. Die Beobachtungsinstrumente
2. Die Registriervorrichtungen
3. Auswertung und Ausgleichung
4. Die Uhren und ihre Kontrolle
5. Der Katalog FK3, individuelle und systematische Fehler
6. Die Beobachtungsmethode
7. Anzahl der Zeitbestimmungen und mittlere Fehler von ΔU
8. Persönliche und instrumentelle Gleichung
9. Ausgleichung der Uhrstände und Gewinnung des definitiven ΔU (siehe (e) in [27])
10. Homogenität des Beobachtungsmaterials
11. Beschaffenheit des Geländes und der Beobachtungsräume.

Ich kann auf eine nochmalige Beschreibung dieser Punkte verzichten, um mich dem eigentlichen Thema zuzuwenden.

Teil A. Die meteorologischen Daten

1. Allgemeines

Die Untersuchungen in [4] ergaben im Jahresdurchschnitt einen vorherrschenden Einfluß östlicher Winde auf die Uhrkorrektionen. Das Verhältnis der aus den Wind*richtungen* resultierenden Amplituden Ost zu West betrug etwa —7 ms zu +4 ms. Außerdem zeigten sich bei Unterteilung des damals 821 Beobachtungen umfassenden Materials jahreszeitliche Schwankungen des Windeffektes. Für weitere Untersuchungen wurde es damit unerläßlich, auf diese Symptome einzugehen. Deshalb mußten auch Untersuchungen über die Ursache des Effektes angestellt werden, was zwangsläufig über den bloßen Zweck der Reduktion von Zeitbestimmungen hinausführte. Neben der Wirkung der Wind*richtungen* war zunächst die der Wind*stärken* zu ermitteln, dazu deren jahreszeitliche Veränderlichkeit. Diese Untersuchungen mußten für Boden- und Höhenwind durchgeführt werden, da sich die Einbeziehung des letzteren aus verschiedenen Gründen als erforderlich erwiesen hatte. Ferner war die Korrelation zwischen der Richtung von Boden- und Höhenwind zu ermitteln. Bei der Erörterung atmosphärischer Einflüsse auf astronomische Beobachtungen entgeht man selten der Frage nach etwaiger Saalrefraktion, und so waren auch die Temperaturverhältnisse im und in der Nähe des Meridianhauses darzustellen.

Da seit einigen Jahren verschiedene Stationen Untersuchungen über den Einfluß des Windes betreiben, erschien im Hinblick auf wünschenswerte Vergleichbarkeit mit deren Ergebnissen eine ausführlichere und eingehendere Darstellung der hiesigen atmosphärischen Verhältnisse angezeigt.

2. Ermittlung des Bodenwindes

Nach Verlegung der Hauptwetterdienststelle in Potsdam im Jahre 1956, deren Winddaten bis dahin benutzt worden waren, wurden in der Folge die Registrierungen des Meteorologischen Hauptobservatoriums (Säkularstation) herangezogen. Das erwies sich trotz der größeren Entfernung zu den Meridianhäusern (300 m zu bisher 130 m) als positiv, denn erstens hat die Säkularstation eine freiere und höhere Lage (80,8 m über NN und 39,3 m über dem Boden) und zweitens sind ihre, mit dem Anemographen vom Typ Fuess/Universal erhaltenen, stündlichen Mittelwerte für meine Untersuchungen besser geeignet als die $1^1/_2$stündlichen Momentanwerte der Hauptwetterdienststelle. Als aus Sicherheitsgründen zur Zeit des Übergangs von der Hauptwetterdienststelle zur Säkularstation für mehrere Monate des Jahres 1956 die Registrierungen beider Stationen verglichen wurden, stellte sich heraus, daß die Windstärken der Säkularstation durchschnittlich 1 m/s höher lagen als die der Hauptwetterdienststelle. Damit war ich gezwungen, alle Windregistrierungen seit Beginn der Untersuchungen im Jahre 1950 der Säkularstation zu entnehmen, somit also eine gänzliche Neubearbeitung der bisherigen Ergebnisse vorzunehmen, zumal in der Folge die Windmessungen nicht nur zu Untersuchungen, sondern auch zu Reduktionen im Zeitdienst herangezogen werden sollten.

Die Registrierung von R_B erfolgt nach der in Abb. 2 aufgezeichneten Skala. Die Windstärken v_B werden mit einer Dezimale in Metern pro Sekunde (m/s) angegeben. R_B und v_B sind in den Listen der Säkularstation von Stunde zu Stunde verzeichnet. Bei der Ent-

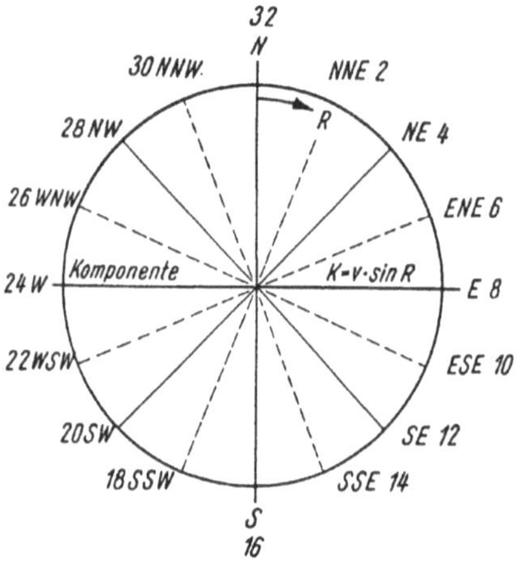

Abb. 2. Zählung der Windrichtungen und des Vorzeichens der Komponenten

nahme wurde der der Mitte einer Zeitbestimmung am nächsten gelegene Stundenwert gewählt. Eine Interpolation wegen des Zeitunterschiedes zwischen Winddatum und Zeitbestimmung erfolgte nicht, da dies zu Zwischenwerten in der Windskala geführt hätte. R_B ist ohnehin kleinen Schwankungen während der Dauer einer Zeitbestimmung ausgesetzt. So kann durch das Festhalten an der um 22,5° fortschreitenden Skala kein entstellender Fehler in das Untersuchungsergebnis hineingetragen werden.

Zum Unterschied von den mit H bezeichneten Höhenwinden sind die Bodenwinde stets mit B bezeichnet. Bezüglich der allgemeinen Windverhältnisse in Potsdam verweise ich auf [16] und bezüglich des Klimas auf [31].

3. Ermittlung des Höhenwindes

Zur Ermittlung des Höhenwindes wurden die Radiosondenaufstiege der aerologischen Station Lindenberg benutzt, die etwa 75 km südöstlich von Potsdam liegt. Die Ergebnisse der Aufstiege sind in den täglichen Wetterkarten für 4^h in einem Höhenwinddiagramm dargestellt. In Abb. 4 ist der die Windmessung betreffende Teil eines solchen Diagramms mit den Symbolen als Beispiel wiedergegeben. Die Beobachter führten die Zeitbestimmungen stets im ersten Viertel der Nacht aus, und deshalb benutzte ich die Höhenwindmessungen des folgenden Morgens. Eine Interpolation zwischen zwei Aufstiegen erfolgte nicht, da erstens die Höhenwinde über einen weit größeren Zeitraum konstant sind als die Bodenwinde und zweitens eine Interpolation über Mittag zu Verfälschungen hätte führen können. R_H und v_H sind für jeden Höhenkilometer durch Symbole ausgedrückt (Abb. 4, Tab. 1). Das in km/h angegebene v_H mußte wegen der erforderlichen Vergleichbarkeit mit den Untersuchungen am Bodenwind in m/s umgerechnet und mit der Dichte ϱ multipliziert werden [7, Seite 11]. Das in kg/m³ ausgedrückte ϱ wurde einem von SCHERHAG [7] für den Raum von Berlin mitgeteilten Dichtediagramm (Abb. 3) entnommen. Tabelle 1 diente zur Erleichterung der Auswertung der Höhenwinddiagramme. Die Mittelbildung erfolgte unter Benutzung des an der Säkularstation zur Zeit der Zeitbestimmungen herrschenden Bodenwindes. Abb. 4 stellt ein Beispiel für die Auswertung eines Höhenwinddiagramms unter Einbeziehung von B dar. Das Ergebnis einer solchen Auswertung ist ein mittlerer Höhenwind H, der sich aus R und $v \cdot \varrho$ zusammensetzt.

Zur Beantwortung der Frage nach einem etwaigen refraktionsmäßigen Einfluß der gesamten Troposphäre auf Zeitbestimmungen habe ich einen Versuch mit der Gradientrichtung ausgeführt, indem ich alle R_H um 90° und die R_B um den in Abb. 1 angegebenen Ablenkungswinkel drehte und daraus eine mittlere Gradientrichtung für die Troposphäre bildete. Das Ergebnis dieses Versuchs ist im Teil B. 9. dargestellt.

Während in den unteren Luftschichten, bis zur Höhe von 400—600 m, der Wind infolge der Bodenreibung und der ablenkenden Kraft der Erdrotation fast immer die Isobaren unter einem erheblichen Winkel in der Richtung vom höheren gegen den tieferen Druck schneidet (Abb. 1), den tieferen Druck auf der Nordhalbkugel links lassend, sind die Abweichungen zwischen Windrichtung und Isobarenverlauf in der freien Atmosphäre sehr gering, so daß der Wind hier den Isobaren fast parallel läuft, wobei er den tieferen Druck links läßt. Bezüglich der Strömungsverhältnisse in der Bodenreibungsschicht und der

Tabelle 1

Ermittlung der Höhenwindgeschwindigkeit aus $v \cdot \varrho$

Symbol des Höhenwinddiagramms																						
m/s	1	2	2,8	3	4	5	5,5	6	7	8	8,3	9	10	11,1	14,0	16,7	19,5	22,2	25,0	27,8	km Höhe	ϱ = kg/m³
$v_H \cdot \varrho$			1,0				2,0				3,0			4,0	5,0	6,0	7,0	8,0	9,0	10,0	11	0,36
			1,2				2,3				3,5			4,7	5,9	7,0	8,2	9,3	10,5	11,7	10	0,42
			1,3				2,6				4,0			5,3	6,7	8,0	9,4	10,7	12,0	13,3	9	0,48
			1,5				3,0				4,5			6,0	7,6	9,0	10,5	12,0	13,5	15,0	8	0,54
			1,7				3,4				5,1			6,8	8,5	10,2	11,9	13,5	15,2	16,9	7	0,61
			1,9				3,7				5,6			7,5	9,5	11,4	13,3	15,1	17,0	18,9	6	0,68
			2,1				4,1				6,2			8,3	10,5	12,5	14,6	16,6	18,7	20,8	5	0,75
			2,3				4,6				6,9			9,2	11,6	13,8	16,2	18,4	20,8	23,0	4	0,83
			2,5				5,0				7,6			10,1	12,7	15,2	17,7	20,2	22,8	25,2	3	0,91
			2,8				5,5				8,3			11,1	14,0	16,7	19,5	22,2	25,0	27,8	2	1,00
			3,1				6,2				9,3			12,4	15,7	18,7	21,8	24,8	28,0	31,2	1	1,12
	1,3	2,6		3,8	5,1	6,4		7,7	9,0	10,2		11,5	12,8								0	1,28

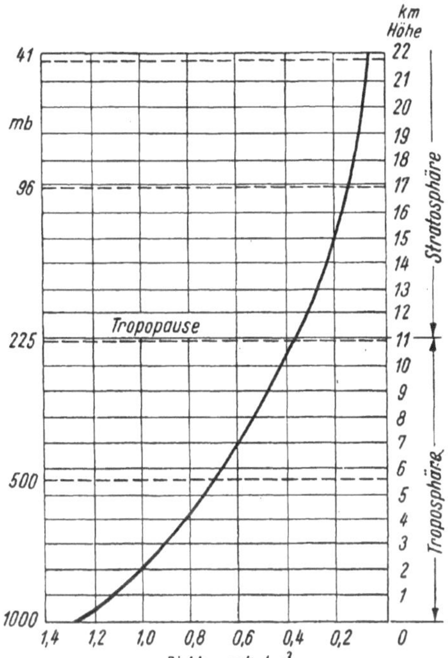

Abb. 3. Atmosphärisches Dichtediagramm nach SCHERHAG [7]

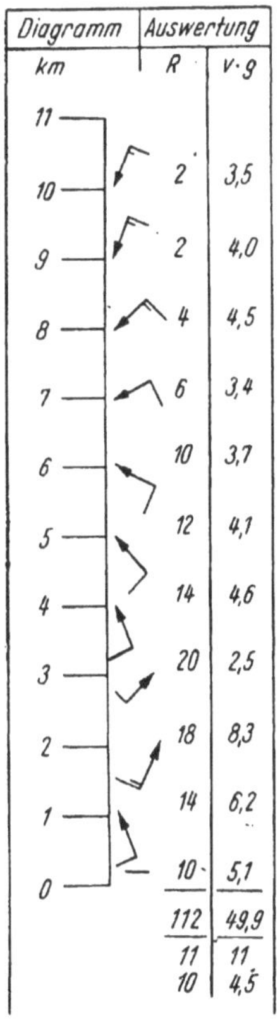

Abb. 4. Höhenwinddiagramm mit Auswertungsbeispiel

freien Atmosphäre sowie deren Beziehungen zueinander habe ich mich an die Beschreibungen bei SCHERHAG [7] und CHROMOW [17] gehalten. Eine ausführliche Darstellung ist hier nicht möglich, doch komme ich, soweit es im Rahmen dieser Arbeit notwendig erscheint, im Teil C. 6. meiner Untersuchungen nochmals auf das Verhalten von B und H zurück.

4. Häufigkeitsverteilung von B und H

Aus dem bisher Gesagten geht hervor, daß ich B wie H nicht getrennt für den bereits aus früheren Untersuchungen [1—4] bekannten Einfluß auf Zeitbestimmungen verantwortlich mache. Die aus der Meteorologie bekannten Grundtatsachen über das Zusammenwirken meteorologischer Faktoren zwischen Bodenschicht und freier Atmosphäre veranlaßten mich vielmehr, die Windverhältnisse am Boden allein und vom Boden bis 11 km Höhe besonders sowie in Beziehung zueinander zu betrachten. Dabei dürften sich Abweichungen der von mir ermittelten Daten von den für die hiesigen Verhältnisse bekannten Durchschnittsdaten daraus ergeben, daß erstens die angewendete Methode in A. 3. zur Feststellung einer mittleren Strömung der Troposphäre, die sich auf eine Höhe von etwa 5,5 km bezieht, den komplizierten Zusammenhängen im Einzelfall nur bedingt gerecht wird und daß zweitens die astronomischen Beobachtungen einen möglichst wolkenfreien Himmel voraussetzen, das heißt, die Zeitbestimmungen durchschnittlich an eine bevorzugte Wetterlage gebunden sind.

Den 1080 Zeitbestimmungsergebnissen (ΔU), zu denen die Abhängigkeit von B und H untersucht werden soll, entsprechen 865 Beobachtungsabende, da oftmals mehrere Zeitbestimmungen am gleichen Abend ausgeführt wurden. In Abb. 5 ist die Häufigkeit jeder Windrichtung von B und H dargestellt. R_B zeigt ein Minimum bei R 30 bis R 32 wie bei R 14 bis R 16, während die Maxima bei R 8 bis R 10 und bei R 22 bis R 24 liegen. Die Ausgleichung durch eine doppelte Welle ergibt einen geringen Überschuß von R_{BW} über R_{BE} und der südlichen über die nördlichen Winde. Diese Verteilung entspricht nicht dem hiesigen Jahresdurchschnitt, in dem die Westwinde noch stärker überwiegen. Zum

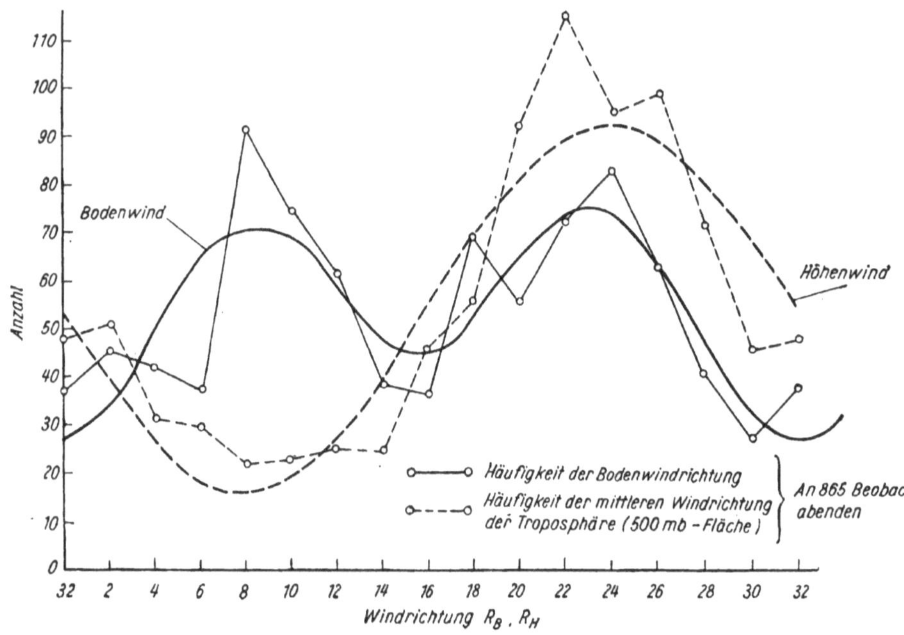

Abb. 5. Häufigkeitsverteilung der Richtungen von Boden- und Höhenwind

Beispiel betrug die Summe der östlichen und westlichen Bodenwindrichtungen über alle Tage der Jahre 1950. VII. bis 1956. XII. für R_{B8} 4654 und für R_{B24} 6901 (1:1,48), an den Beobachtungsabenden aber 91 für R_{B8} und 82 für R_{B24} (1:0,90). Die Disproportion spricht für die besseren Beobachtungsverhältnisse bei östlichen Winden im Sinne eines offenen Himmels.

H zeigt in Abb. 5 die geringste Häufigkeit bei $R_{H8} - R_{H10}$ und die höchste bei $R_{H22} - R_{H24}$ und ist gut durch eine einfache Welle darzustellen. Dies entspricht durchaus der bekannten vorherrschenden Weströmung zwischen dem 30. Breitengrad und dem Polarkreis. Sogar die in [7, Seite 51] erwähnte Südweströmung (R_{H22}) auf der Nordhalbkugel ist im Häufigkeitspolygon deutlich erkennbar. Es muß danach öfter B_W mit H_W als B_E mit H_E gleichgerichtet sein. Aus der Übereinstimmung mit den meteorologischen Erfahrungen darf mit einer gewissen Berechtigung geschlossen werden, daß der hier eingeschlagene Weg zur Ermittlung der Höhenströmung für den vorliegenden Zweck ausreichend ist.

5. Korrelation zwischen R_B und R_H

Da die mittlere Strömung der Troposphäre in die Untersuchungen einbezogen ist, muß zur Beurteilung ihres Einflusses zunächst die Beziehung zwischen R_B und R_H geklärt werden. Dazu wurde das Material in die vier meteorologischen Jahreszeiten (I—IV) (siehe Verzeichnis der Abkürzungen) unterteilt. Sowohl diese Unterteilung als auch die Trennung nach westlichen und östlichen Winden resultiert aus den Ergebnissen in [4], wo R_{BE} und R_{BW} ausgeprägt unterschiedliche Amplituden für Ost- und Westwinde mit jahreszeitlichen Schwankungen ergaben. In den Abb. 6 bis 9 sind die einzelnen Beobachtungspaare R_B/R_H durch Punkte dargestellt. Entspräche R_B genau R_H, so müßten diese Paare auf der Verbindungslinie 32—32 (—.—.) liegen. Die Fluktuation der Elemente gegen diese Linie ist beträchtlich und systematisch; sie ist zwischen R_{BE}, R_{HE} und R_{BW}, R_{HW} verschieden und auch innerhalb der Jahreszeiten. Zur weiteren Bearbeitung der Abb. 6 bis 9 wurden die Einzelpaare in jedem Array zu Mittelwerten zusammengezogen. Die so entstandenen Mittelwertpolygone lassen den Zusammenhang bereits besser erkennen. Daß eine Trennung in R_E und R_W angezeigt ist, bedarf keiner weiteren Erklärung. Mit zusammenfassender Behandlung von R_E und R_W hätte man einen offensichtlich nicht vertretbaren Zwang ausgeübt. Die stufenweise Abgrenzung in den Abbildungen soll zeigen, welche Wertepaare den Abstand $\pm 90°$ von der Verbindungslinie 32—32 überschreiten. R_{H32} und R_{H16} hätten sowohl den Ost- als auch den Westwinden zugeordnet werden müssen. Die etwas willkürliche Zuordnung hat aber keinen entscheidenden Einfluß auf das Gesamtbild.

Um Auskunft über die Straffheit des Zusammenhanges von R_B und R_H zu erhalten, wurde der Korrelationskoeffizient r ermittelt [30]. Außer in I Ost ist r beträchtlich und von großer Sicherheit. Daß im Durchschnitt über alle Jahreszeiten einem r_{BHE} von $+0{,}51$ ein r_{BHW} von $+0{,}66$ gegenübersteht, ist wegen der Häufigkeitsverteilung (Abb. 5) nicht anders zu erwarten. Noch deutlicher als die Mittelwertpolygone veranschaulichen die Regressionslinien den unterschiedlichen Zusammenhang zwischen R_B und R_H. Auffallend ist die Lage der Schnittpunkte der Regressionslinien. Bei den Ostwinden liegen diese Schnittpunkte nahe der Linie 32—32, und ihre Schwankung ist weit geringer als bei den Westwinden, wo diese Abstände zwei Teile der Windrichtungsskala erreichen (Abb. 9).

Ob eine noch weitergehende Deutung der Abb. 6 bis 9 im meteorologischen Sinne möglich ist, vermag ich nicht zu beurteilen. Der Zweck, die Zusammenhänge zwischen R_B und R_H deutlich zu machen, ist erreicht. Bezüglich der mittleren Höhenströmung im Raum von Berlin verweise ich auf [7, Seite 42].

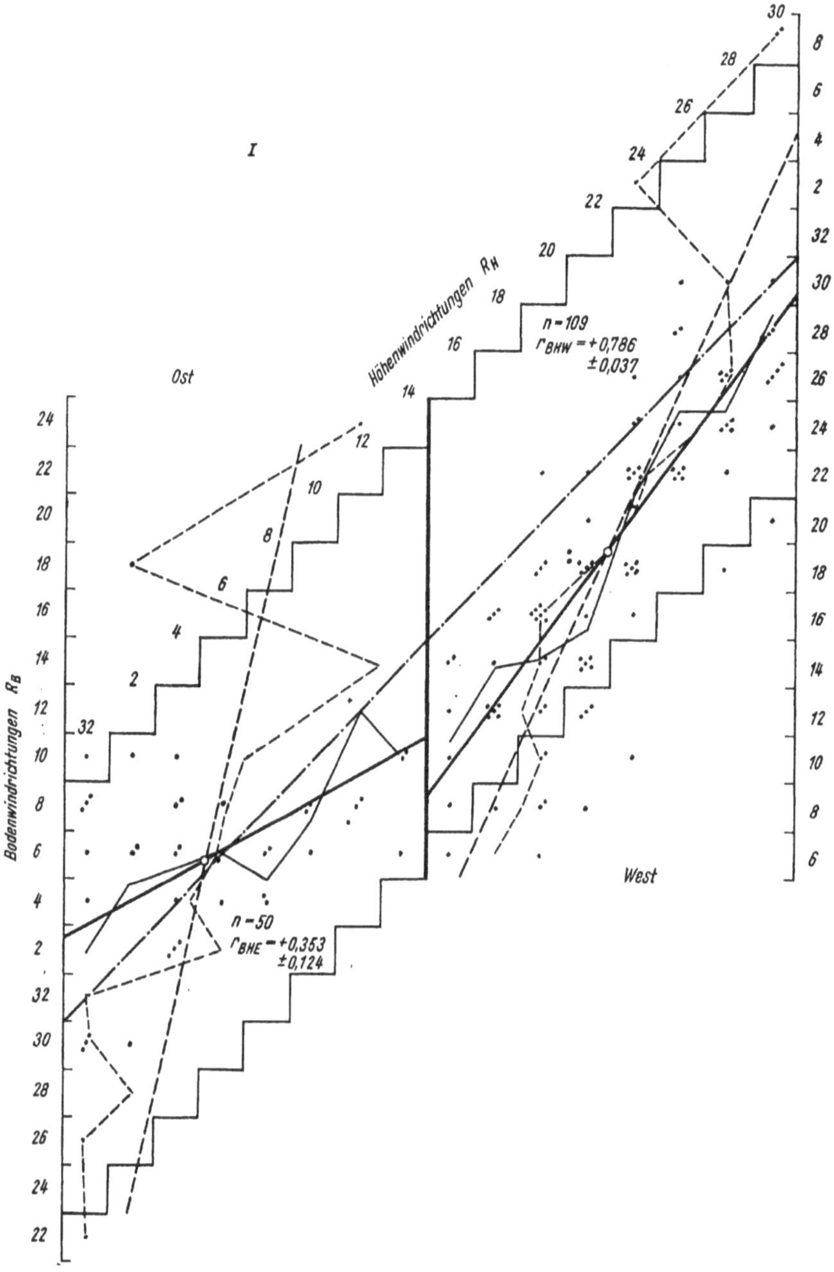

Abb. 6. Korrelation zwischen Boden- und Höhenwindrichtung I

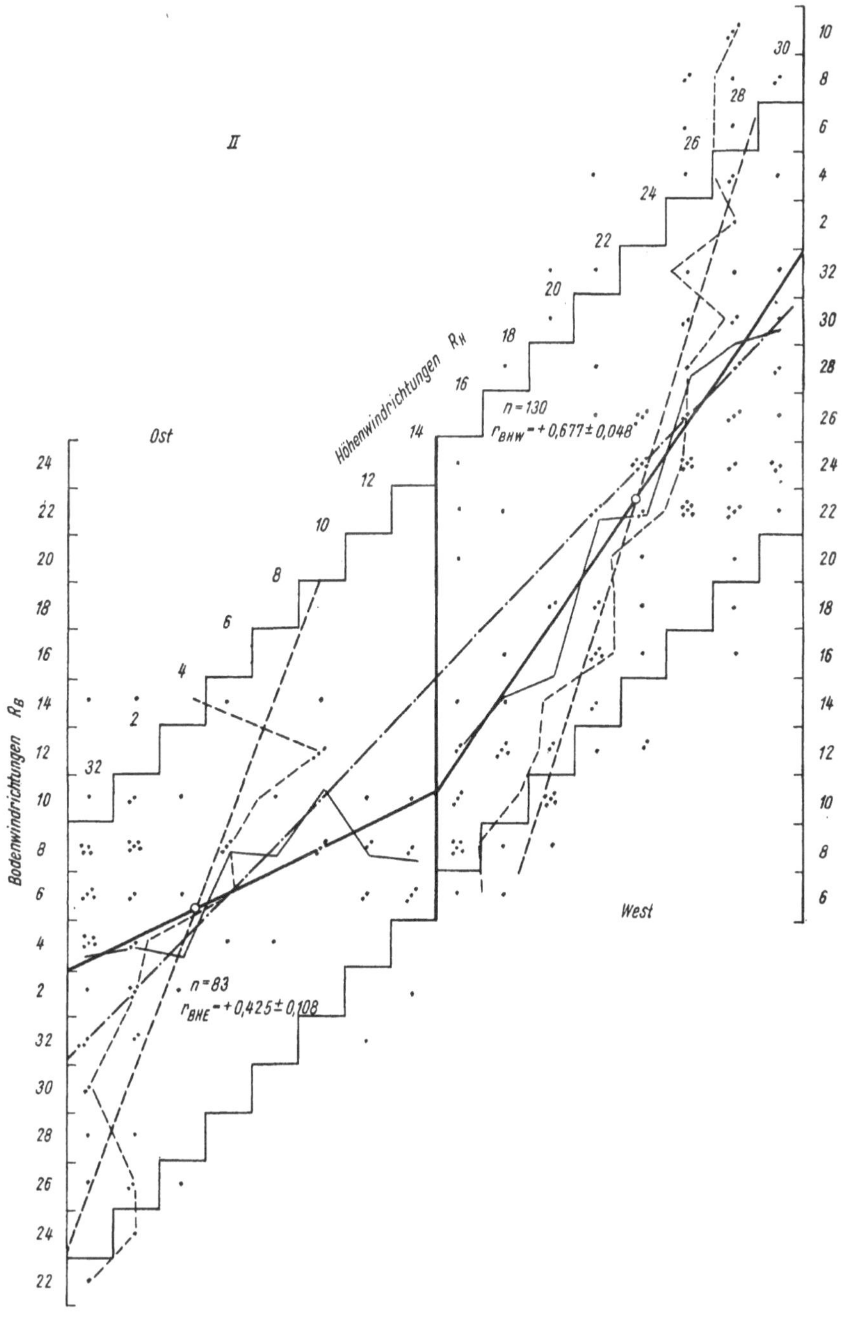

Abb. 7. Korrelation zwischen Boden- und Höhenwindrichtung II

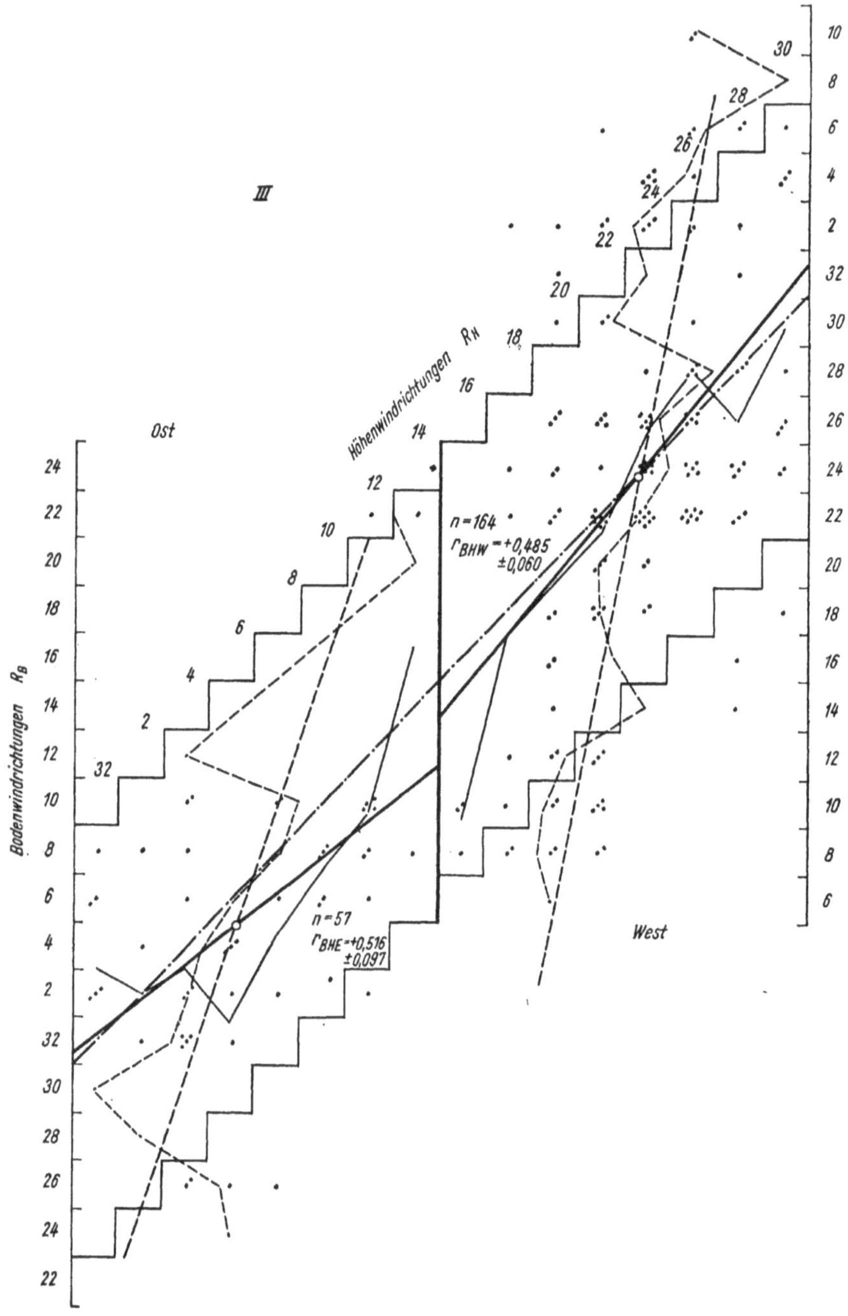

Abb. 8. Korrelation zwischen Boden- und Höhenwindrichtungen III

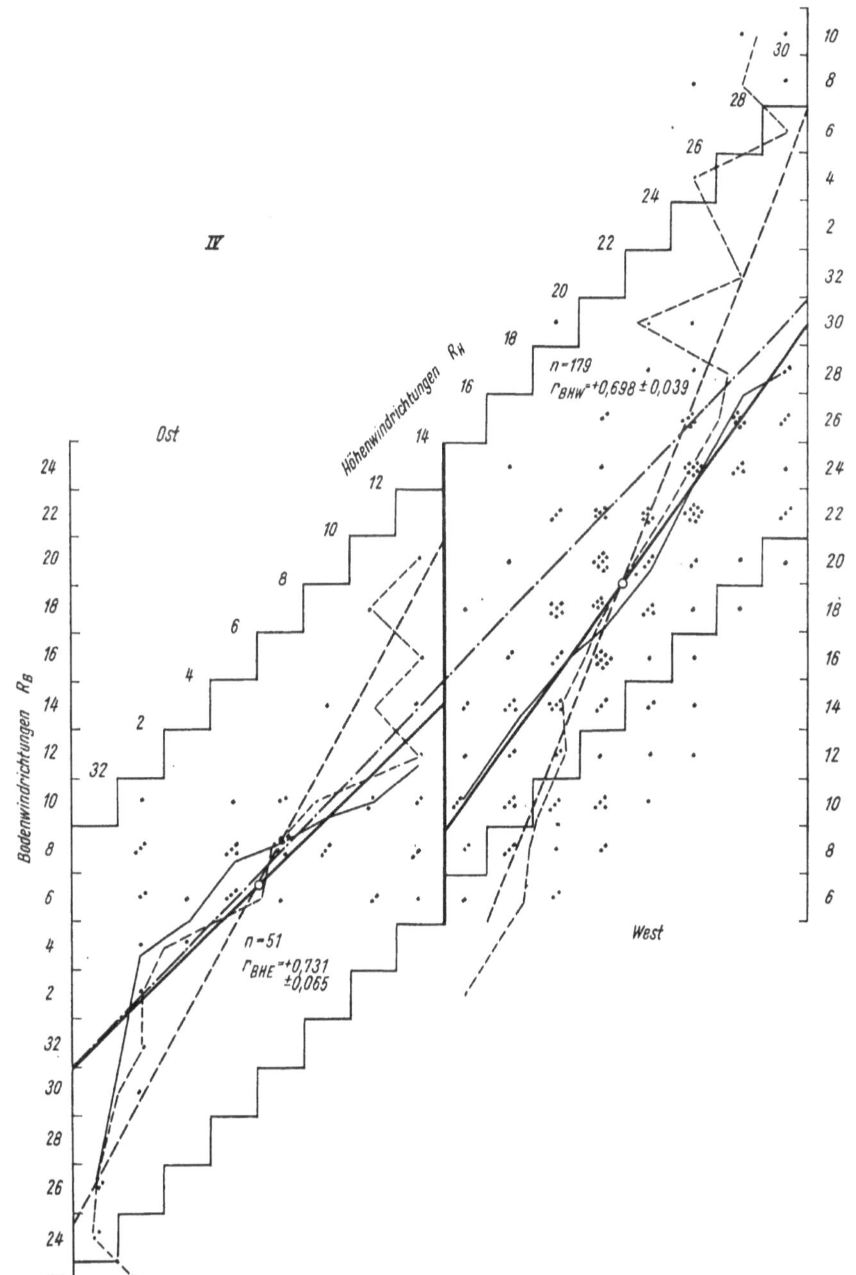

Abb. 9. Korrelation zwischen Boden- und Höhenwindrichtung IV

6. Mittlere monatliche Windstärken v von B und H

Die Windgeschwindigkeit v wird für B in m/s und für H nach Tab. 1 in $v_H \cdot \varrho$ angegeben. Für v_B wie für $v_H \cdot \varrho$ wurden monatliche Mittelwerte gebildet, um das jahreszeitliche Verhalten von v kennenzulernen. In Abb. 10 sind für $6^1/_2$ Jahre von B und H die monatlichen mittleren v dargestellt mit einem Gesamtdurchschnitt von $\approx 4{,}0$ m/s für v_B und $\approx 9{,}0$ kg pro $m^2 \cdot s$ für $v_H \cdot \varrho$. Das Ausgleichungsergebnis zeigt weitgehende Übereinstimmung im jahreszeitlichen Verhalten von v_B und $v_H \cdot \varrho$ mit dem Maximum im Dezember bis Januar und dem Minimum im Juni bis Juli. Das jahreszeitliche Verhalten von v stimmt gut mit den allgemeinen hiesigen meteorologischen Verhältnissen überein. Calmen traten an den Beobachtungsabenden nicht auf.

7. Mittlere monatliche Windkomponenten K von B und H

Da der Einfluß des Windes auf Zeitbestimmungen mit Passageinstrumenten untersucht werden soll, bei denen die Uhrkorrektionen ΔU aus Durchgängen von Fixsternen durch den Meridian abgeleitet werden, interessiert nur, was die Winde in Ost-Westrichtung bewirken. Alle anderen Windrichtungen sind mit $v \cdot \sin R$ in die Komponente K, getrennt nach K_E und K_W, zu verwandeln.

Gemäß dem Ziel, eine Erklärung für die bereits in [4] erhaltenen unterschiedlichen Amplituden p bei östlichen und westlichen Winden zu finden sowie das jahreszeitliche Verhalten von K wegen des zu erwartenden systematischen Einflusses auf das Potsdamer Zeitsystem überhaupt kennenzulernen, wurde K für B und H in K_{BW}, K_{HW} und K_{BE}, K_{HE} getrennt und durch monatliche Mittelwerte in Abb. 11 und 12 wiedergegeben. Ebenfalls in den Abb. 11 und 12 dargestellt wurden — zur Ermittlung der in den einzelnen Monaten vorherrschenden Komponenten — die Summen der Mittelwerte $\bar{K}_{BW} + \bar{K}_{BE}$ und $\bar{K}_{HW} + \bar{K}_{HE}$. Betrachtet man zunächst $\bar{K}_{BE}$ und $\bar{K}_{BW}$ (Abb. 11) getrennt, so ist eine einfache Jahreswelle zu erkennen mit dem Minimum bei $|\bar{K}_{BW}|$ im Juni und bei $|\bar{K}_{BE}|$ im Juli bis August sowie dem Maximum bei $|\bar{K}_{BW}|$ im Dezember und bei $|\bar{K}_{BE}|$ im Januar. Die Summe der Mittelwerte $\bar{K}_{BW} + \bar{K}_{BE}$ zeigt ein Vorherrschen der Westkomponente vom Mai bis Dezember und der Ostkomponente vom Januar bis April, wobei die Westkomponente überhaupt das Übergewicht hat. Der Durchschnitt von $\bar{K}_{BW}$ zu $-3{,}02$ m/s und der von $\bar{K}_{BE}$ zu $+2{,}86$ m/s ist fast gleich; dementsprechend bleibt für $K_{BE} + K_{BW}$ nur ein sehr geringfügiger Betrag übrig mit einem aus $6^1/_2$ Jahren erhaltenen Durchschnitt von $-0{,}16$ m/s. Da sowohl in $\bar{K}_{BW}$ wie in $\bar{K}_{BE}$ die Richtungen R_{B32} und R_{B16} enthalten sind, ist $n_W + n_E$ größer als $n = 1080$.

Wesentlich anders stellt sich K_H in Abb. 12 dar. $|\bar{K}_{HW}|$ zeigt zwar auch eine einfache Welle, geglättet liegt das Minimum hier aber im April und das Maximum im Oktober. $|\bar{K}_{HE}|$ deutet eine ausgeprägte dreifache Welle an. Die Glättung ergibt dementsprechend die Minima im April—Mai, August—September, Dezember—Januar mit den Maxima in den entsprechenden Zwischenmonaten. Während der Durchschnitt von $\bar{K}_{BW}$ zu $\bar{K}_{BE}$ kaum einen Unterschied zeigte, beträgt $\bar{K}_{HW}$ — $7{,}1$ kg/m$^2 \cdot$ s und $\bar{K}_{HE}$ $+3{,}5$ kg/m$^2 \cdot$ s. $\bar{K}_{HW}$ ist also doppelt so stark wie $\bar{K}_{HE}$. In der Summe $\bar{K}_{HW} + \bar{K}_{HE}$ erscheint dadurch die Ostkomponente nicht mehr, sondern spiegelt sich lediglich als dreifache Welle wieder. Es herrscht danach eine durchschnittliche westliche Höhenwindkomponente von $-3{,}6$ kg pro $m^2 \cdot s$ vor mit der Lage der Maxima und Minima etwa wie bei $\bar{K}_{HE}$. Daß $\bar{K}_{HE}$ auch in der Häufigkeit $n = 351$ gegenüber $\bar{K}_{HW}$ $n = 826$ stark zurückbleiben muß, kam bereits in Abb. 5 zum Ausdruck. Da R_{H32} und R_{H16} sowohl in K_{HW} wie in $\bar{K}_{HE}$ enthalten sind, beträgt die Gesamtsumme 1177, obwohl sie tatsächlich nur 1076 ist. An vier Beobachtungsabenden lagen keine Höhenwindmessungen vor. Daraus erklärt sich die Abweichung von $n = 1080$.

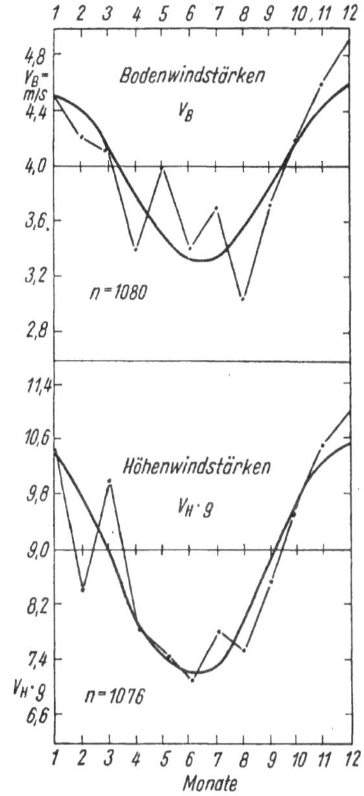

Abb. 10. Jahreszeitliche Verteilung von Boden- und Höhenwindstärken

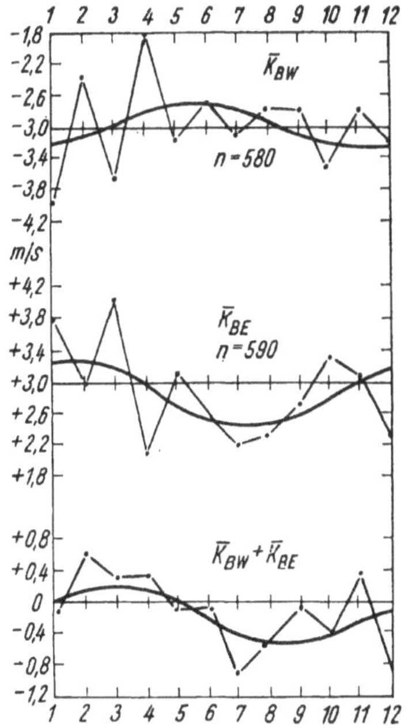

Abb. 11. Jahreszeitliche Verteilung der Bodenwindkomponenten

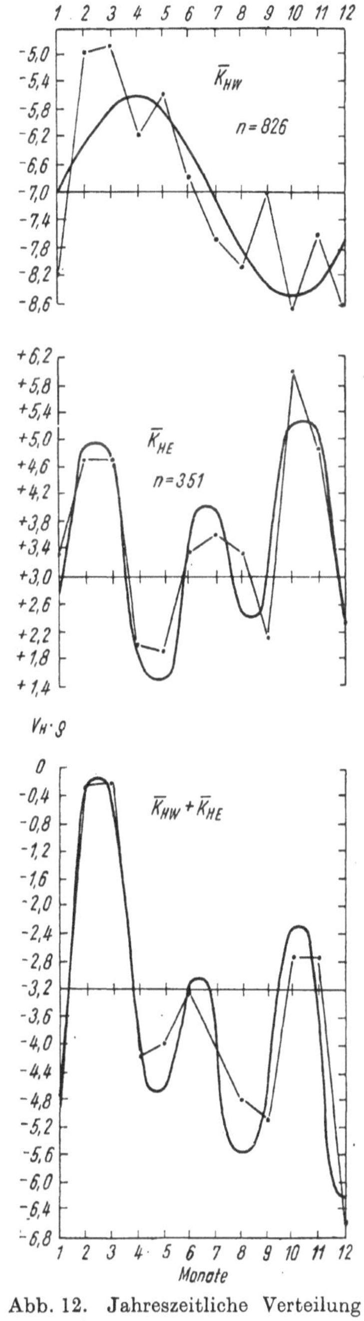

Abb. 12. Jahreszeitliche Verteilung der Höhenwindkomponenten

8. Temperaturverhältnisse während der Zeitbestimmungen

In bezug auf den möglichen Einfluß eines Temperaturgradienten auf astronomische Beobachtungen liegen bereits zahlreiche Untersuchungen vor [8—10, 18]. In [1] wurde die Möglichkeit der Steuerung des Temperaturgradienten durch Wind erwogen, was in unmittelbarem Zusammenhang mit meinen Untersuchungen über den Windeinfluß steht. Es erscheint nützlich, diese Erklärungsmöglichkeit für den Windeffekt zu untersuchen.

Gemessen wurde mit zwei gewöhnlichen, geeichten Thermometern, deren Skaleneinheit 0,2 °C beträgt. Ein Thermometer hing in etwa 5 m Entfernung und 1,8 m Höhe südlich des Meridianhauses, das andere am Fernrohrtubus. Unmittelbar vor Beginn des ersten und nach Ende des letzten Sterndurchgangs wurden beide Thermometer abgelesen. Damit wurden vier Temperaturen erhalten: Die Innentemperatur t_{iA} und die Außentemperatur t_{aA} zum Anfang der Zeitbestimmung sowie die entsprechenden Temperaturen t_{iE} und t_{aE} am Ende einer Zeitbestimmung. In Abb. 13 sind die 216 Fälle, in denen solche Messungen ausgeführt wurden, in Monatsmitteln zusammengefaßt dargestellt. Es ist

$$t_a = \frac{t_{aA} + t_{aE}}{2} \qquad \text{und} \qquad t_i = \frac{t_{iA} + t_{iE}}{2}.$$

In Übereinstimmung mit den allgemeinen hiesigen klimatischen Verhältnissen in den untersuchten Jahren ist auch an den Beobachtungsabenden Februar der kälteste und August der wärmste Monat. Außerdem ist in Abb. 13 zu erkennen, daß mit Zunahme der Temperatur auch der Unterschied $\Delta t = t_i - t_a$ wächst. Δt ist nochmals getrennt in Abb. 14 dargestellt. Das Maximum von Δt liegt nach Glättung im Juni bis Juli bei $+1{,}0$ °C, das Minimum im Dezember bei $+0{,}3$ °C, und der Jahresdurchschnitt beträgt $+0{,}65$ °C. Der untere Teil von Abb. 14 zeigt außerdem das Verhalten von Δt zwischen Anfang (Δt_A) und Ende (Δt_E) einer Zeitbestimmung. $\Delta t_A - \Delta t_E$ ergibt im Mittel stets eine Abnahme des Unterschieds zwischen Innen- und Außentemperatur, doch traten auch 56 inverse Fälle auf. Etwa in einem Viertel aller Fälle setzt sich also die natürliche Ventilation nicht mit der Länge der Öffnungszeit des Meridianhauses fort. Diese Inversionen treten in allen Monaten auf. Die höchsten Abnahmen der Temperaturdifferenzen liegen im März

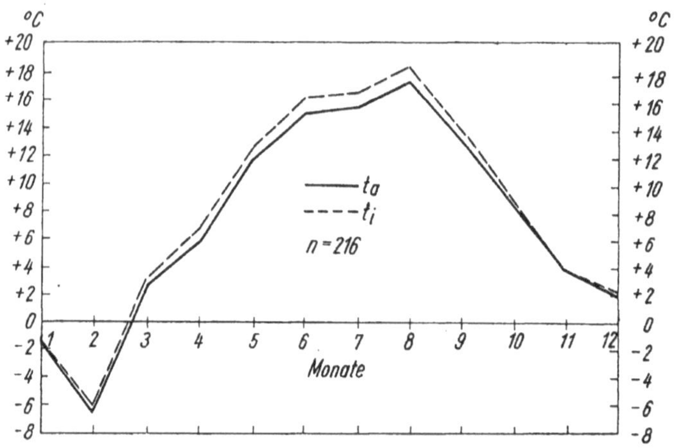

Abb. 13. Monatliche mittlere Innen- und Außentemperatur

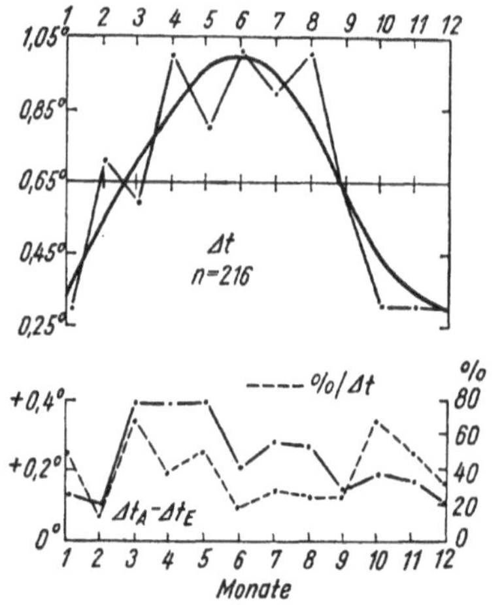

Abb. 14. Differenz zwischen Innen- und Außentemperatur und ihre Abnahme während einer Zeitbestimmung

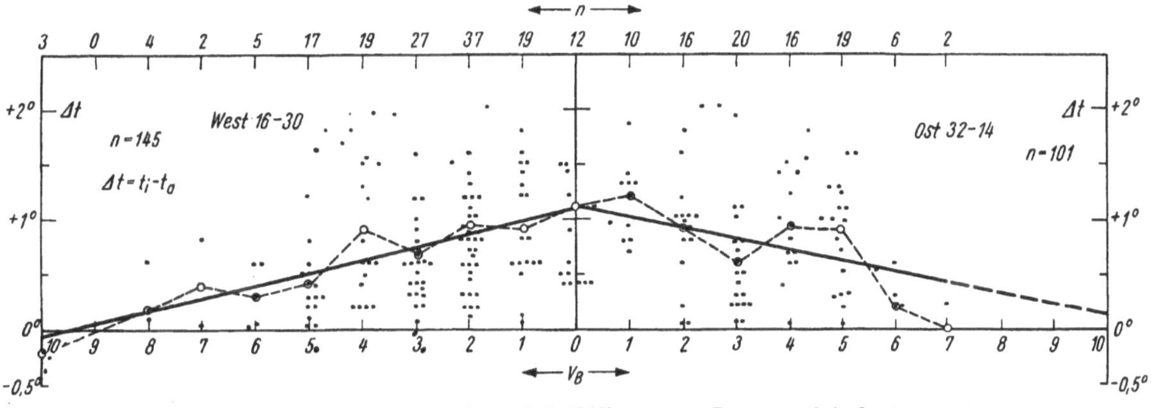

Abb. 15. Einfluß des Bodenwindes auf die Differenz von Innen- und Außentemperatur

bis Mai und die niedrigsten im Dezember bis Februar. Prozentual liegen die Werte geringster Abnahme in der Zeit von Juni bis August, wegen der großen Sonneneinstrahlung am Tage, dem Maximum in Δt und der schwachen Sommerwinde nach Abb. 10.

Da zu jeder Temperaturmessung auch R_B und v_B vorlag, konnte die Abhängigkeit der Δt von R_B und v_B untersucht werden. Um gleichzeitig eine etwaige asymmetrische ventilierende Wirkung zwischen östlichen und westlichen Winden zu erkennen, erfolgte eine entsprechende Trennung, wobei R_{B32} bis R_{B14} und R_{B16} bis R_{B30} zusammengefaßt wurden. In Abb. 15 sind die einzelnen Wertepaare $\Delta t/v_{BW}$ und $\Delta t/v_{BE}$ durch Punkte dargestellt. In einigen Fällen ist Δt sogar negativ, es ist also $t_a > t_i$. Die Streuung der Einzelwerte ist so beträchtlich, daß erst die Mittelwertpolygone eine rechte Anschauung vermitteln, deren Ausgleichung unter Berücksichtigung von n den ventilierenden Einfluß des Windes auf Δt deutlich zeigt. Der Abfall von Δt mit zunehmendem v erfolgt linear und bei östlichen und westlichen Winden fast gleich. Obwohl R_B und v_B wegen der verschiedenen Lage von Meßstelle des Windes (300 m Entfernung, 40 m Höhe über dem Boden) und Meridianhaus stark unterschiedlich sein können, ist der steuernde Einfluß des Windes auf das Temperaturfeld des Meridianhauses deutlich. Für die weiteren Betrachtungen bezüglich Saalrefraktion in Teil C. 5. ist festzuhalten, daß der Wind, wie zu erwarten war, das Temperaturfeld bei genügender Stärke ($\approx$10 m/s) bis zum völligen Ausgleich zwischen Innen- und Außentemperatur abschwächt. Die Summe von n in Abb. 15 liegt gegenüber Abb. 13 und 14 höher, weil auch Temperaturmessungen benutzt wurden, bei denen die Ablesung am Ende (t_E) einer Zeitbestimmung fehlt.

Teil B. Wirkung des Windes auf die Uhrkorrektion

1. Allgemeines

Dem in [4] untersuchten Material wurde noch das Jahr 1956 angefügt, so daß nunmehr 1080 Zeitbestimmungen des Zeitraumes 1950. VII. bis 1956. XII. mit den entsprechenden Windmessungen zur Verfügung standen, wobei, wie in A. 2. schon erwähnt, alle Bodenwindmessungen jetzt von der Säkularstation bezogen wurden. Im Jahre 1956 kam noch ein weiteres Passageinstrument der Firma Zeiss hinzu, so daß das Beobachtungsmaterial nunmehr aus Zeitbestimmungen von fünf Beobachtern an vier Passageinstrumenten in drei Meridianhäusern zusammengesetzt ist. Wie bei den früheren Untersuchungen wurden für jede Beobachtungsreihe eines neu hinzugekommenen Beobachters nach Berücksichtigung der persönlichen und instrumentellen Gleichung [13] erst die Summen aller $K_B \cdot \Delta U$

gebildet, um für jedes Instrument und jeden Beobachter die Gewißheit des Einflusses von B zu haben. Bezüglich der Arbeitsweise des Potsdamer Zeitdienstes von 1950 bis 1956 verweise ich wieder auf die Veröffentlichungen [13] und [15].

2. Korrelation zwischen gleichzeitig ausgeführten Zeitbestimmungen

Um Auskunft über die Straffheit des Zusammenhanges zwischen gleichzeitig ausgeführten Zeitbestimmungen im Hinblick auf etwaige Saalrefraktion zu erhalten, wurden aus den Zeitbestimmungen Wertepaare gebildet, die folgenden Forderungen genügten:

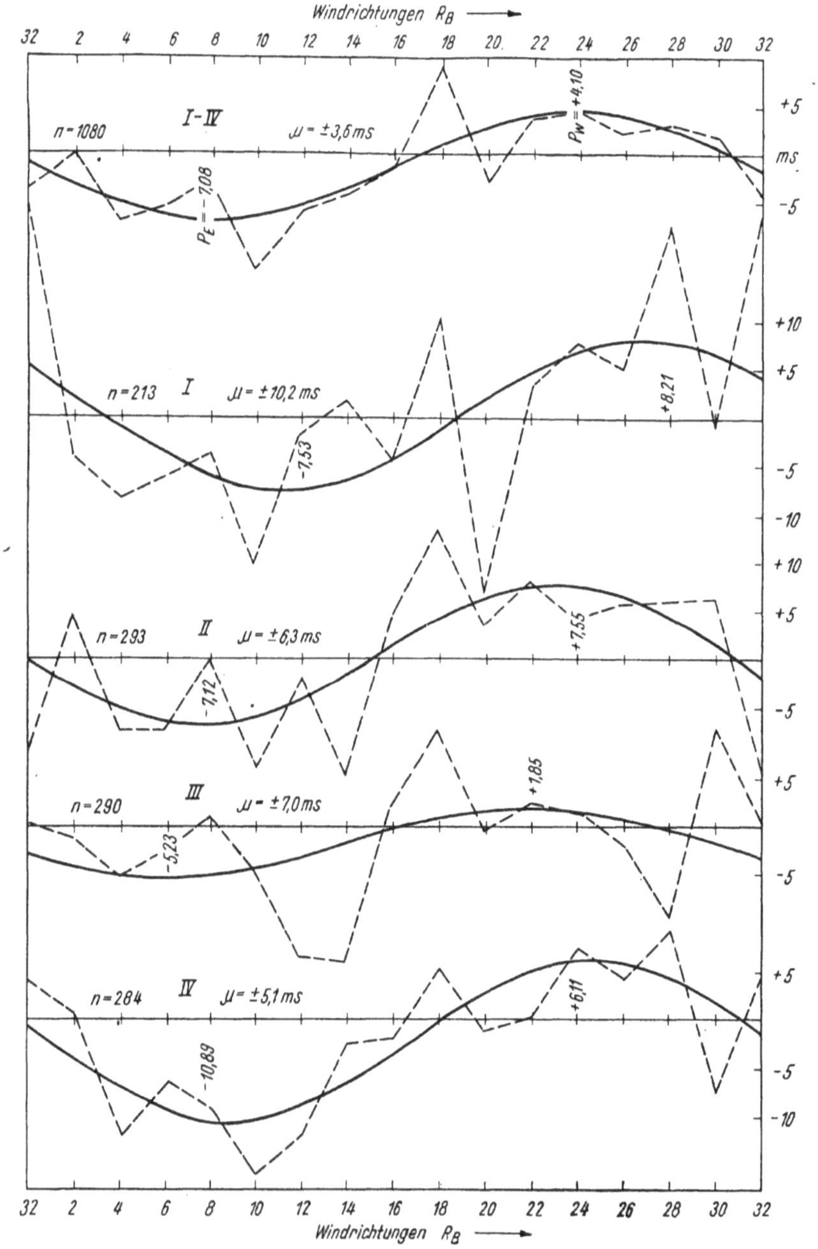

Abb. 16. Einfluß der Bodenwindrichtung auf die Uhrkorrektion

1. Die Beobachtungen müssen im selben Meridianhaus ausgeführt sein.
2. Der Unterschied der mittleren Beobachtungszeit zwischen zwei Zeitbestimmungen muß unter 1^h liegen.
3. Es muß gleiche Windrichtung (R_B) und gleiche Windgeschwindigkeit (v_B) herrschen.

Unter voller Ausschöpfung aller Kombinationsmöglichkeiten zwischen den von fünf Beobachtern ermittelten ΔU erhielt ich 173 Wertepaare. Der Korrelationskoeffizient r beträgt $+0{,}319 \pm 0{,}068$. Es liegt also ein zwar kleiner, aber noch sicher genug ($r_z = 0{,}225$) [19] erhaltener Zusammenhang vor. Wie durch A. 8. bereits bekannt ist, muß infolge Steuerung des Temperaturfeldes durch den Wind bei den hier benutzten Zeitbestimmungen ein weitgehend homogenes Temperaturfeld vorgelegen haben. Nach den Untersuchungen in Pulkowo [18] über den Einfluß des Temperaturgradienten auf ΔU, wobei $r \approx 0{,}9$ gefunden wurde, hätte man auch hier ein größeres r erwarten können. Im Zusammenhang mit Teil A. 8. ist das Ergebnis in Teil C. 5. weiterbesprochen.

3. Einfluß von R_B auf ΔU

Es wurde wie in [4] über $6^1/_2$ Jahre das Mittel $\frac{[\Delta U]}{n}$ für jede Richtung R_B gebildet und in Abb. 16 oben dargestellt. Der vorherrschende Einfluß östlicher Winde (R_{BE}) ist wieder zu erkennen. Bei Unterteilung des Materials in meteorologische Jahreszeiten (I, II, III, IV) zeigt sich auch hier die aus [4] bekannte Schwankung der Amplituden p (Abb. 16). Abgesehen davon, daß ohne Kenntnis des Einflusses der Windstärke (v_B) an eine praktische Verwertung des Ergebnisses der Abb. 16 für den Zeitdienst noch nicht zu denken ist, muß ohnehin mit Hilfe des meteorologisch-astronomischen Beobachtungsmaterials selbst und an Hand meteorologischer Grundtatsachen die Ursache für den vorherrschenden Einfluß östlicher Winde und für die jahreszeitlichen Schwankungen des Effektes gesucht werden. Somit ist die Darstellung des Einflusses von R_B auf ΔU eine wichtige Voraussetzung für die Fortsetzung des Experimentes. Die erfreuliche Tatsache der Übereinstimmung mit Untersuchungen dieser Art in Tokio [1], Leningrad [3] und Pulkovo [28] läßt auf gemeinsame, weiträumige meteorologische Wirkungsfaktoren schließen. Dies ist der Hauptgrund für die ausführliche Darstellung dieser Faktoren im Teil A gewesen.

4. Einfluß der Bodenwindgeschwindigkeit v_B auf ΔU

Auf Grund der Ergebnisse im vorhergehenden Abschnitt 3. erschien es mir notwendig, östliche und westliche Winde getrennt zu behandeln. Da der Einfluß des Windes auf Zeitbestimmungen mit Passageinstrumenten nur in der Ost-Westrichtung seine volle Wirksamkeit erreichen kann, wurde aus den Windmessungen die Komponente K_B, getrennt nach Ost $= K_{BE}$ und West $= K_{BW}$ gebildet. Es ist also, wie in Abb. 2 dargestellt und in Teil A. 7. erläutert, $K_{BE} = v_{BE} \cdot \sin R_{BE}$ und $K_{BW} = v_{BW} \cdot \sin R_{BW}$.

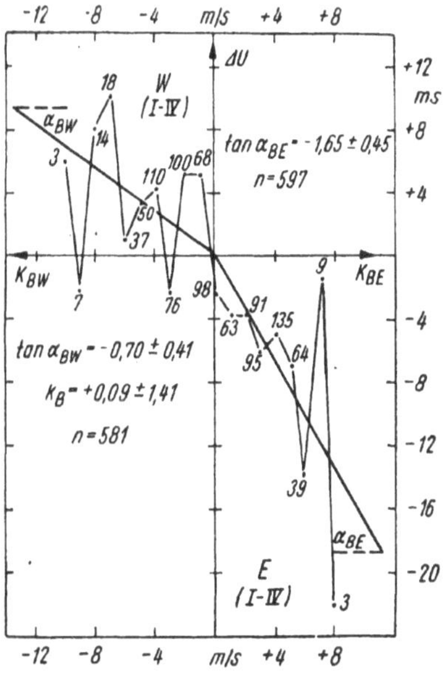

Abb. 17. Einfluß der Bodenwindstärke auf die Uhrkorrektion (insgesamt)

Hierbei wurden die auf 0,1 m/s erhaltenen K_B auf volle m/s abgerundet und $K_B < 0{,}5$ m/s $= 0$ gesetzt. Summiert man die zu jedem K_B gehörigen ΔU, so erhält man aus $\frac{[\Delta U]}{n}$ über $6^1/_2$ Jahre und alle Jahreszeiten (I—IV) zwei Mittelwertpolygone, die die Abhängigkeit ΔU von K_B erkennen lassen, wie es in Abb. 17 dargestellt ist. Da im Verlauf der Mittelwerte kein Anzeichen für eine Krümmung vorliegt, wurden die beiden Linienzüge linear unter Berücksichtigung von n ausgeglichen. Das Anwachsen von ΔU mit zunehmendem K_B ist durch tan α_B direkt in ms ausgedrückt. tan α_{BE} ist mehr als doppelt so groß wie tan α_{BW}. Die ausgleichenden Geraden hinterlassen bei $K_B = 0$ das mit k bezeichnete Glied. Der unterschiedliche Steigungsfaktor tan α_B und das k-Glied werden dadurch verständlich, daß nach C. 3. und C. 6. bei Ost- und Westwinden zwei physikalisch verschiedene Windsysteme vorliegen, die unter dem Einfluß des Höhenwindes stehen (Abb. 31, 32). Für die weiteren Untersuchungen steht zunächst fest, daß K_{BE} und K_{BW} getrennt behandelt werden müssen.

Tabelle 2

Ausgeglichene Monatswerte von tan α_B und k_B

Monat	tan α_{BE}		tan α_{BW}		k_B	
1	—	1,04	—	1,14	—	0,73
2	—	0,68	—	1,46	—	1,46
3	—	0,95	—	1,54	—	0,85
4	—	1,35	—	1,01	+	0,88
5	—	1,44	—	0,30	+	1,45
6	—	1,27	—	0,15	+	0,12
7	—	1,30	—	0,42	—	0,79
8	—	1,86	—	0,44	+	0,24
9	—	2,73	—	0,21	+	1,61
10	—	3,27	—	0,26	+	1,54
11	—	2,98	—	0,64	+	0,67
12	—	2,01	—	0,93	+	0,02

Aus Abschnitt 3. dieses Teiles ist bekannt, daß jahreszeitliche Schwankungen der Amplituden p_E und p_W bestehen (Abb. 16). Es muß also auch die jahreszeitliche Beziehung $\Delta U - K_B$ untersucht werden. Hierbei wurde grundsätzlich wie in Abb. 17 verfahren. Da aber gleichzeitig auch eine Reduktionsmöglichkeit für den Zeitdienst gewonnen werden sollte, ist das Beobachtungsmaterial in Vierteljahrsgruppen unterteilt worden. Güte und

Tabelle 3

Beispiel zur Ermittlung von w_B

Beispiel	1	2	3	4
Monat	2	6	4	10
Tag	17	13	28	18
v_B	6,5	3,8	6,1	4,8
R_B	22	26	4	10
$v_B \cdot \sin R_B$	−6,00	−3,51	+4,31	+ 4,44
tan α_B	−1,46	−0,13	−1,41	− 3,26
$v_B \cdot \sin R_B \cdot \tan \alpha_B$	+8,76	+0,46	−6,08	−14,47
k_B	−1,50	+0,20	+1,40	+ 1,50
W_B	+7,26	+0,66	−4,68	−12,97

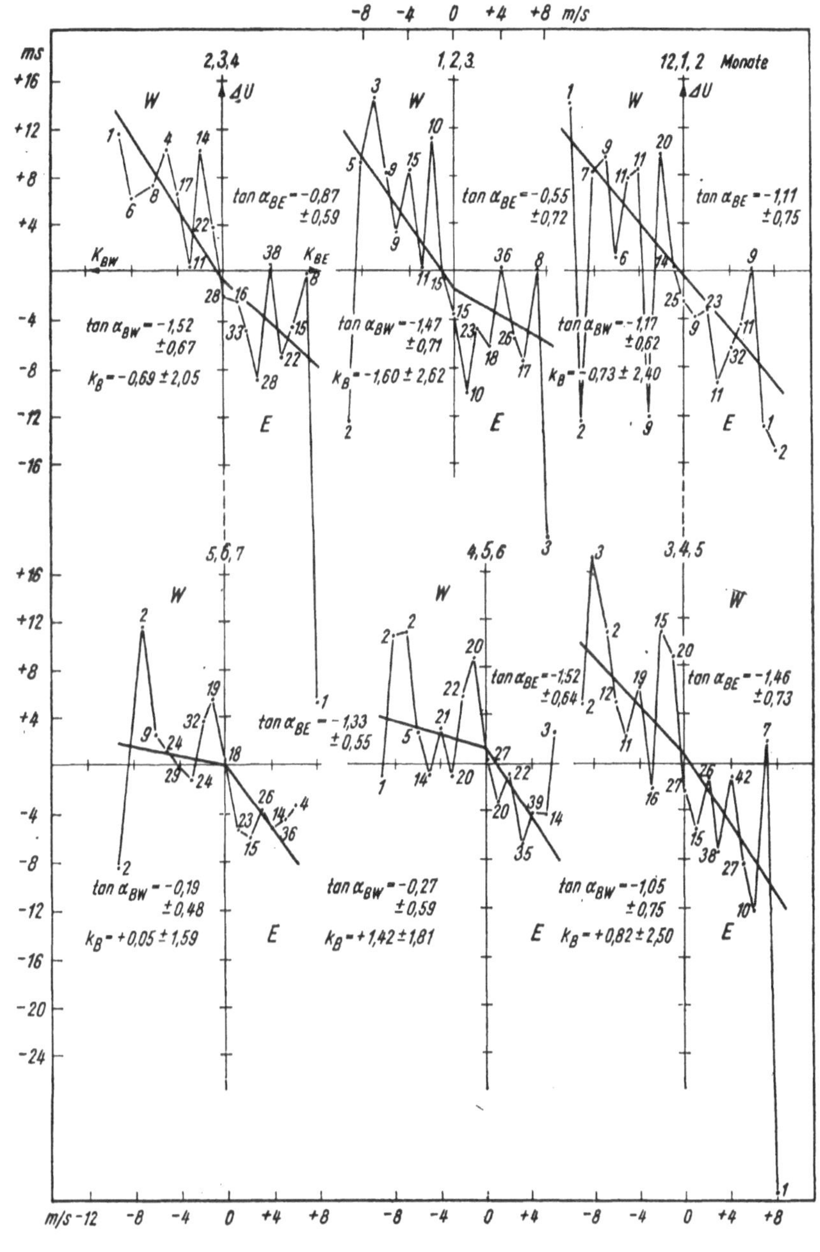

Abb. 18. Monatlicher Einfluß der Bodenwindgeschwindigkeit auf die Uhrkorrektion Monate 1—6

Umfang des astronomischen Beobachtungsmaterials sind nicht ausreichend, um von *unabhängigen* Monatsmitteln noch brauchbare Resultate erwarten zu können; dazu hätte das Material den dreifachen Umfang haben müssen. Um aber dennoch die jahreszeitlichen Schwankungen erkennen zu können, sind übergreifende Monatsmittel gebildet worden, wie es in Abb. 18 und 19 dargestellt ist. Es ist nicht nur die Abhängigkeit ΔU von K_B erkennbar mit der unterschiedlichen Wirkung östlicher und westlicher Winde, sondern auch jahreszeitliche Schwankungen von tan α_B und k_B werden deutlich. Ein hervorstechendes Merkmal ist die starke Zunahme von |tan α_{BE}| ab August mit dem Maximum im Oktober.

5. Der Jahresverlauf von tan α_B und k_B

Um die jahreszeitlichen Schwankungen des mit w_B bezeichneten Windeffektes besser übersehen zu können, sind die in den Abb. 18 und 19 dargestellten monatlichen Werte von tan α_B und k_B in Abb. 20 in ihrem Jahresverlauf zusammengestellt. Das periodische Verhalten von tan α_B und k_B ist unverkennbar. Dementsprechend wurde nach Sinuswellen ausgeglichen, wie es in Abb. 20 dargestellt ist. Die durch die Ausgleichung erhaltenen Werte von tan α_{BW}, tan α_{BE} und k_B enthält Tabelle 2. Für die Aufgaben des Zeitdienstes sind die auf die Monatsmitte bezogenen Reduktionsgrößen der Tabelle 2 in einem

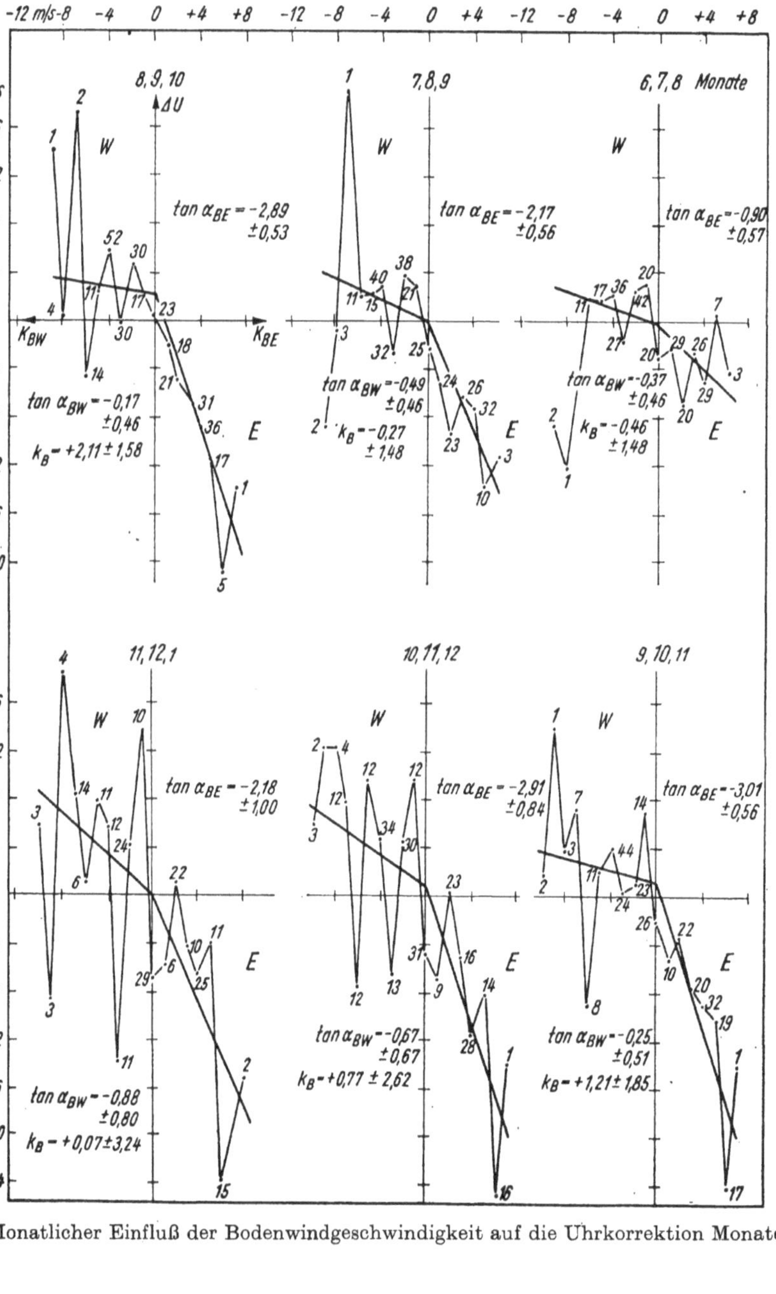

Abb. 19. Monatlicher Einfluß der Bodenwindgeschwindigkeit auf die Uhrkorrektion Monate 7 – 12

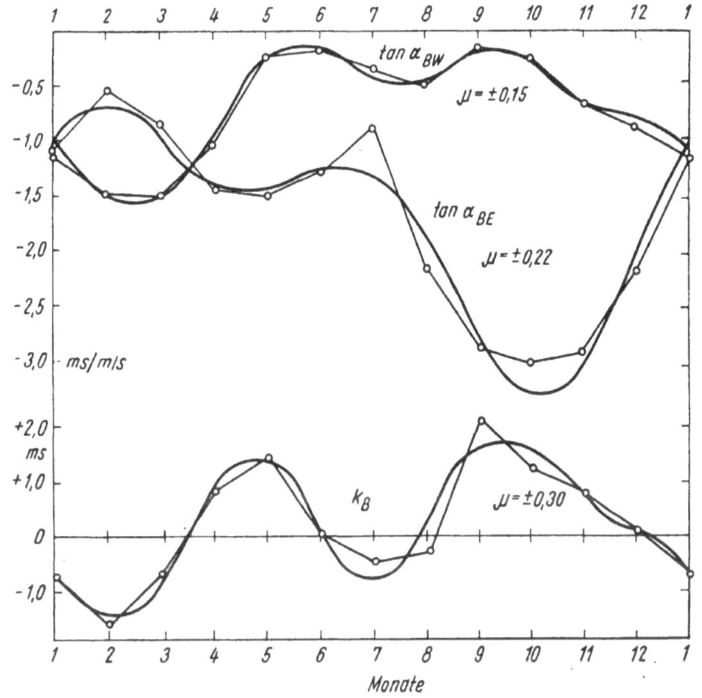

Abb. 20. Das jahreszeitliche Verhalten von tan α_B und k_B

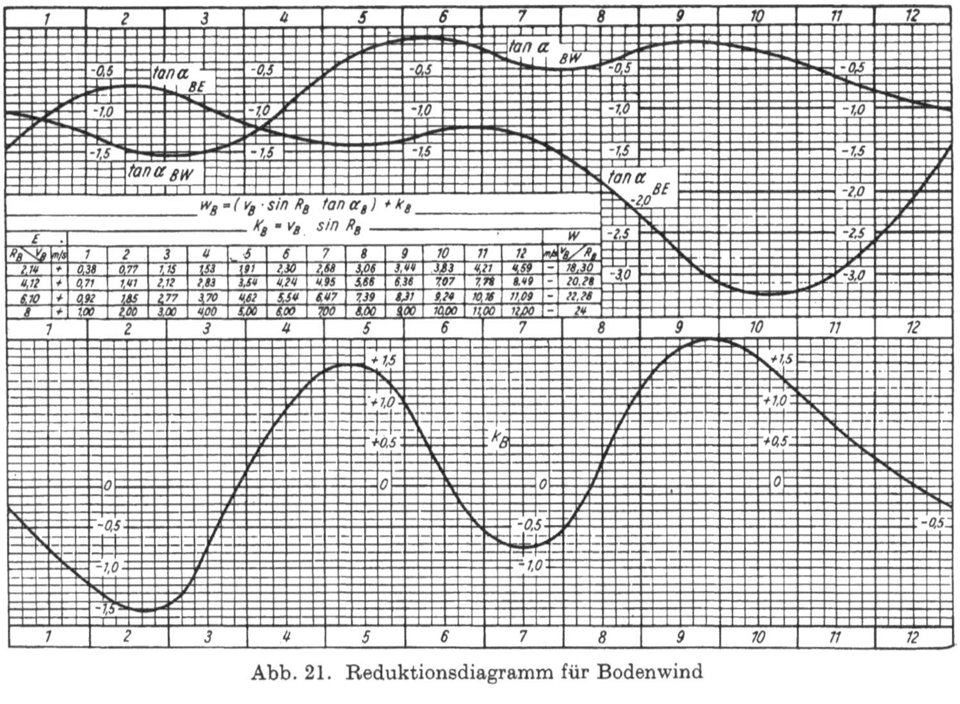

Abb. 21. Reduktionsdiagramm für Bodenwind

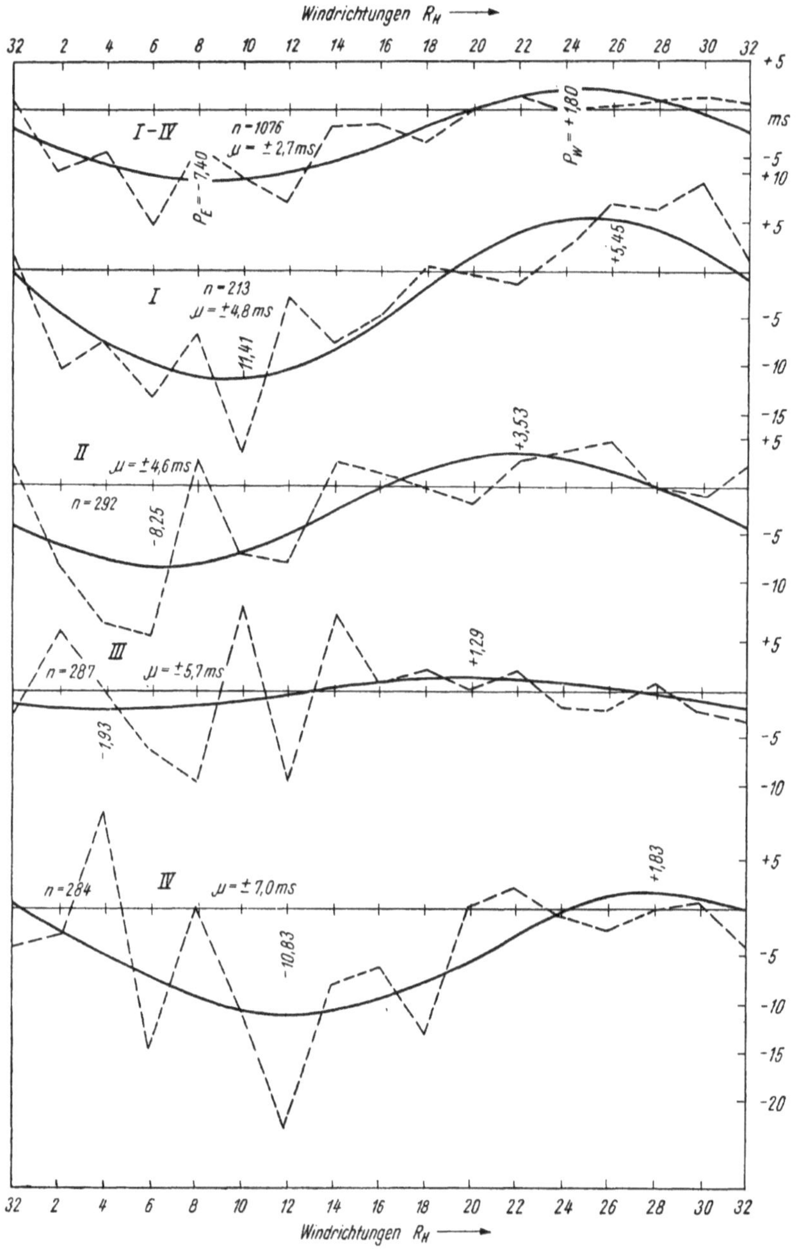

Abb. 22. Einfluß der Höhenwindrichtung auf die Uhrkorrektion

Diagramm wiedergegeben (Abb. 21), in dem $K_B = v_B \cdot \sin R_B$ bis zur Windstärke 12 m/s für ganze m/s tabuliert ist. Da v_B in Einheiten von 0,1 m/s gegeben ist, muß für K_B interpoliert werden. Das Diagramm ist in Abschnitte von fünf Tagen unterteilt. Der Windeffekt $w_B = (v_B \cdot \sin R_B \cdot \tan \alpha_B) + k_B$ kann also auch für die dazwischenliegenden Tage leicht und mit ausreichender Sicherheit in Millisekunden (ms) erhalten werden. Anschließend sind in Tabelle 3 vier Beispiele zur Ermittlung von w_B mit Hilfe des Diagramms gegeben.

6. Einfluß von R_H auf ΔU

Das zu jeder Zeitbestimmung gehörige ΔU wurde wie bei den Bodenwindrichtungen (R_B) gemäß den nach Teil A. 3. ermittelten Höhenwindrichtungen (R_H) in Mittelwertgruppen $\frac{[\Delta U]}{n}$ für jede Richtung besonders zusammengefaßt. Hierbei ist zunächst wie bei R_B eine Zusammenfassung (I—IV) für alle Jahreszeiten und erst dann eine nach Jahreszeiten getrennte Darstellung in Abb. 22 gegeben worden. Vergleicht man die zusammenfassende Darstellung (I—IV) von R_B in Abb. 16 mit der von R_H, so steht einer Doppelamplitude des Bodenwindes von $p_{BE} + p_{BW} = 7{,}08 + 4{,}10 = 11{,}18$ ms eine Doppelamplitude des Höhenwindes von $p_{HE} + p_{HW} = 7{,}40 + 1{,}80 = 9{,}20$ ms gegenüber. R_H zeigt also im $6^1/_2$-jährigen Durchschnitt einen kleineren Einfluß als R_B. Das Verhältnis $p_E : p_W$ ist bei R_H noch mehr zu Gunsten der östlichen Winde verschoben. Bei Unterteilung des Beobachtungsmaterials in die vier meteorologischen Jahreszeiten zeigt ein Vergleich mit den entsprechenden Darstellungen des Einflusses der Bodenwindrichtungen erhebliche Abweichungen in Amplituden und Phasen. Auffällig ist, daß μ_{RH} außer in IV immer erheblich kleiner als μ_{RB} ist.

7. Einfluß von $v_H \cdot \varrho$ auf ΔU

Bei der Ermittlung des Einflusses der Höhenwindgeschwindigkeit (v_H) auf ΔU habe ich infolge des Ergebnisses in Abb. 22 I—IV die Komponenten in K_{HE} und K_{HW} getrennt. Es ist $K_{HE} = v_{HE} \cdot \varrho \cdot \sin R_{HE}$ und $K_{HW} = v_{HW} \cdot \varrho \cdot \sin R_{HW}$. Da $v_H \cdot \varrho$ durchschnittlich mehr als doppelt so groß wie v_B ist (Abb. 10), hätte zur Bildung von $\frac{[\Delta U]}{n}$ für jeden Wert von K_H das Beobachtungsmaterial zu sehr aufgeteilt werden müssen. Deshalb wurden jeweils 3 kg/m² s von K_H zu einer Gruppe vereinigt (-1, ± 0, $+1$, $+2$, $+3$, $+4$, ...). Damit beziehen sich die Gruppenmittel von K_H auf 0, 3, 6,... kg/m²s. In Abb. 23 ist der Verlauf des Mittelwertpolygons, getrennt für K_{HW} und K_{HE}, mit der Anzahl der Beobachtungen in jeder Mittelwertgruppe über alle Jahreszeiten (I—IV) dargestellt. Da die beiden Polygone nur auf lineare Progression von ΔU mit wachsendem K_H schließen lassen, wurde entsprechend unter Berücksichtigung von n ausgeglichen. Die ausgleichenden Geraden zeigen deutlich das für östliche und westliche Höhenwinde unterschiedliche Ansteigen von ΔU mit zunehmender Windstärke. Beide Geraden hinterlassen bei $K_H = 0$ das Glied k_H, das unter C. 3. Abb. 30 weiter behandelt ist.

Ein Vergleich mit den entsprechenden Untersuchungen für den Bodenwind in B. 4., Abb. 17 zeigt an auffallenden Merkmalen ein erheblich kleineres $\tan \alpha$ für die Höhenwinde. Es ist

$$\frac{\tan \alpha_{BE}}{\tan \alpha_{HE}} = \frac{1{,}65}{0{,}69} = 2{,}39 \quad \text{und} \quad \frac{\tan \alpha_{BW}}{\tan \alpha_{HW}} = \frac{0{,}70}{0{,}28} = 2{,}50$$

und

$$\frac{\tan \alpha_{BE}}{\tan \alpha_{BW}} = \frac{1{,}65}{0{,}70} = 2{,}36 \quad \text{und} \quad \frac{\tan \alpha_{HE}}{\tan \alpha_{HW}} = \frac{0{,}69}{0{,}28} = 2{,}46\,.$$

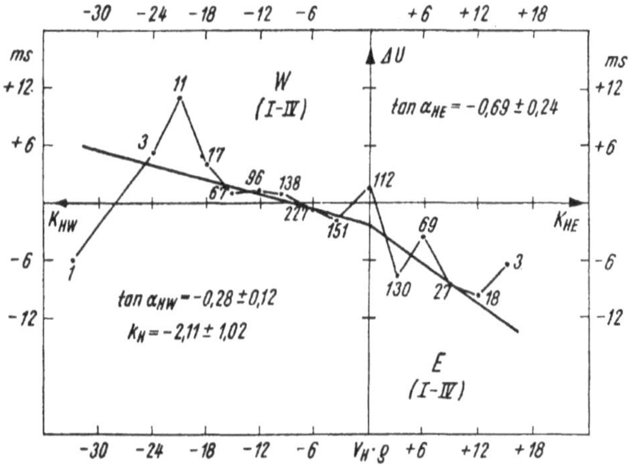

Abb. 23. Einfluß der Höhenwindstärke auf die Uhrkorrektion (insgesamt)

Die dargestellten Verhältnisse der Steigungsfaktoren tan α zwischen Boden- und Höhenwinden sowie zwischen östlichen und westlichen Winden sind nahezu konstant. Das Verhältnis des durchschnittlichen v_B von 4 m/s zum durchschnittlichen $v_H \cdot \varrho$ von 9 kg/m² s (2,25:1) in Abb. 10 zeigt, daß erst ein 2,25mal stärkerer Höhenwind als der Bodenwind die nahezu gleiche Wirkung hat, entsprechend dem mittleren Verhältnis tan α_B zu tan α_H von 2.44:1, $2.44 = \left(\frac{1}{2}(2{,}39 + 2{,}50)\right)$.

Da bei der Untersuchung des Einflusses von R_H auf ΔU in Abb. 22 jahreszeitliche Schwankungen der Amplituden auftraten, mußte auch das jahreszeitliche Verhalten im

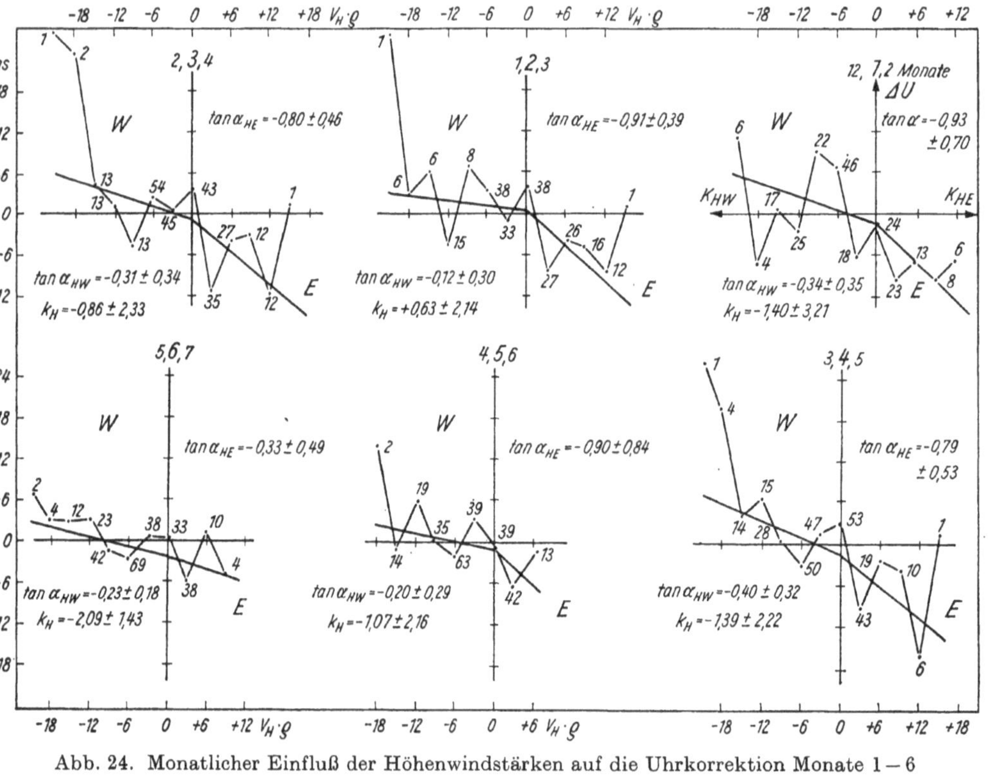

Abb. 24. Monatlicher Einfluß der Höhenwindstärken auf die Uhrkorrektion Monate 1 – 6

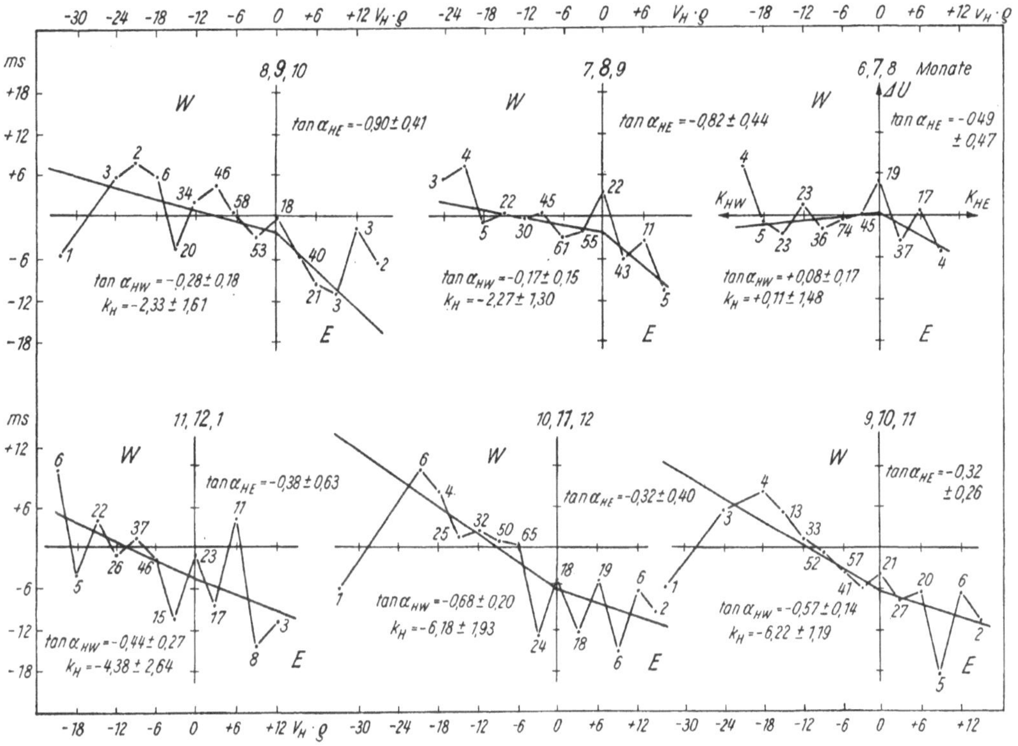

Abb. 25. Monatlicher Einfluß der Höhenwindstärken auf die Uhrkorrektion Monate 7 — 12

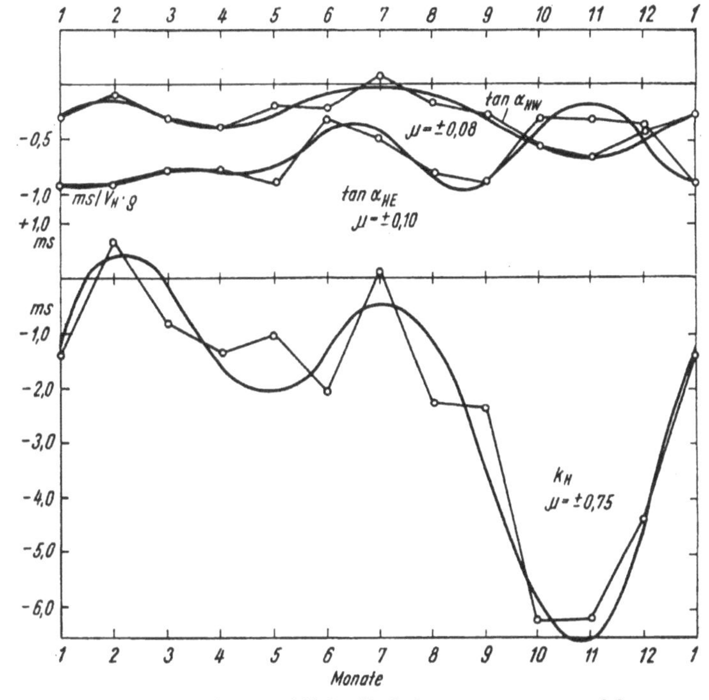

Abb. 26. Das jahreszeitliche Verhalten von tan α_H und k_H

Einfluß von $v_H \cdot \varrho$ auf ΔU untersucht werden. Hierbei wurde bezüglich der Ermittlung von Monatswerten für tan α_H und k_H aus übergreifenden Monatsmitteln von ΔU unter Zusammenfassung von K_H für je 3 kg/m² · s wie im Abschnitt 4. dieses Teiles verfahren. In den Abb. 24 und 25 sind die Mittelwerte und die Ausgleichungsergebnisse für jeden Monat dargestellt.

8. Der Jahresverlauf von tan α_H und k_H

Um einen Überblick über das Verhalten von tan α_H und k_H innerhalb des Jahresverlaufs zu erhalten, wurden ihre Monatsmittelwerte aus den Abb. 24 und 25 gesondert in Abb. 26 als Polygon dargestellt und entsprechend dem periodischen Verhalten dieser Polygone nach Sinuswellen ausgeglichen. Das numerische Ergebnis dieser Ausgleichung ist in Tabelle 4 zusammengestellt.

Tabelle 4

Ausgeglichene Monatswerte von tan α_H und k_H

Monat	tan α_{HE}		tan α_{HW}		k_H	
1	–	0,90	–	0,26	–	1,22
2	–	0,88	–	0,18	+	0,47
3	–	0,80	–	0,30	–	0,17
4	–	0,89	–	0,36	–	1,60
5	–	0,76	–	0,28	–	2,05
6	–	0,44	–	0,10	–	1,29
7	–	0,44	–	0,02	–	0,42
8	–	0,84	–	0,10	–	1,05
9	–	0,88	–	0,32	–	3,29
10	–	0,41	–	0,56	–	5,86
11	–	0,16	–	0,66	–	6,53
12	–	0,52	–	0,50	–	4,41

Vergleichende Betrachtungen zwischen den Ergebnissen dieses Abschnitts und den entsprechenden für den Bodenwind (Abschnitt B. 4). finden sich in Teil C. 3. 4. und 6.

9. Untersuchung des Einflusses einer mittleren barischen Gradientrichtung der Troposphäre auf ΔU

Obwohl schon ein Vergleich von [13] mit [4] erkennen läßt, daß der Windeffekt keine Folge von Refraktion ist, habe ich mich angesichts der weiten Verbreitung dieser Annahme doch entschlossen, die Möglichkeit eines etwaigen Refraktionseinflusses aus der *gesamten* Troposphäre zu untersuchen. Der Entschluß wurde einmal dadurch erleichtert, daß entsprechende Wünsche häufig in der diesbezüglichen Literatur ausgesprochen sind, und zweitens das Beobachtungsmaterial durch die vorangegangenen Untersuchungen weitgehend vorbereitet war.

Im Teil A. 3. habe ich, unter Hinweis auf die Autoren SCHERHAG [7] und CHROMOW [17], eine kurze Darstellung der Hauptbeziehung zwischen Wind und barischem Gradienten in der Bodenreibungsschicht und der freien Atmosphäre gegeben, die im Teil C. 6. eine notwendige Erweiterung erfahren hat. Im Teil A. 3. ist auch mitgeteilt, wie die Gradientrichtungen ermittelt wurden. Das jeder Gradientrichtung entsprechende Mittel von $\frac{\Delta U}{n}$ ist in Abb. 27 dargestellt.

Wenn meine Methode zur Ermittlung der Gradientrichtungen in Hinsicht auf das komplizierte Zusammenwirken von Bodenreibungsschicht und den höheren Schichten auch sehr vereinfacht, so ist das Ergebnis in Abb. 27 doch zuverlässig genug, um als weitere Absage an Erwartungen eines Refraktionseinflusses zu gelten.

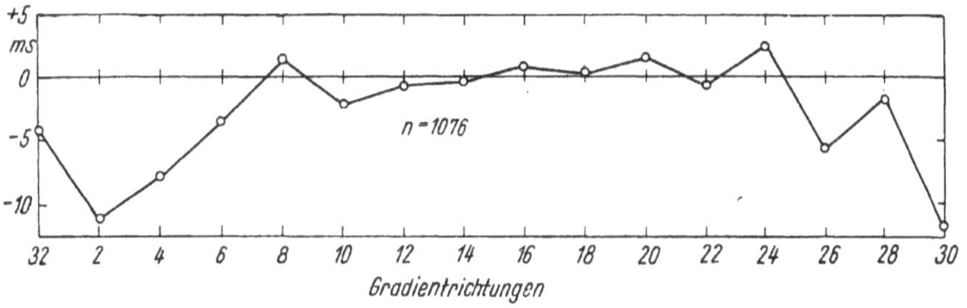

Abb. 27. Der Einfluß einer mittleren Gradientrichtung der Troposphäre auf die Uhrkorrektion

10. Zur Korrelation von ΔU und w_B und der mittlere Fehler von ΔU und ΔU_w

Um Auskunft über die Straffheit des Zusammenhangs zwischen $\Delta U = x$ und $w_B = y$ zu erhalten sowie die Wirkung von w_B auf eine einzelne Zeitbestimmung kennenzulernen, wurde mit Hilfe des Reduktionsdiagramms (Abb. 21) w_B für jede Zeitbestimmung ermittelt. Bei einer großen Zahl von Wertepaaren, wie sie hier vorliegt, ist es zwar üblich, zur Erleichterung der Rechnung eine Klasseneinteilung vorzunehmen, aber angesichts der Tatsache, daß w_B gegenüber ΔU klein ist, was im Verhältnis von $[x^2]:[y^2] = 431\,967:27\,416$ der Tabelle 5 zum Ausdruck kommt, habe ich zur Vermeidung von Verwischungen bei einem so geringen Zusammenhang auf diese Vereinfachung verzichtet. Zum rechtzeitigen Schutz gegen Rechenfehler wurden immer 50 Beobachtungspaare zusammengestellt und nach der Formel $\Sigma\,(x + y)^2 = \Sigma\,x^2 + \Sigma\,y^2 + 2\,\Sigma\,x\,y$ kontrolliert. In Tabelle 5, die einen Auszug aus der Korrelationsrechnung darstellt, sind die Gruppensummen aller für die Rechnung notwendigen Glieder, die Kontrollrechnung, der Kkf. r mit seinem m. F., der m. F. von $\Delta U = x$ und schließlich der m. F. des um w_B verbesserten ΔU_w zusammengestellt. Ein Blick auf die Spalte $x\,y$ der Tabelle 5 zeigt am Verlauf des Vorzeichens eindeutig die Verfälschung von ΔU durch w_B, obwohl r klein ist. Der Zufallshöchstwert von r beträgt bei $n = 1080$ nach [19, S. 90] $r_Z = 0{,}090$. Somit ist $r = +0{,}263 \pm 0{,}028$ in Tabelle 5 noch von beachtlicher Größe und Sicherheit. Der äußere m. F. einer einzelnen Zeitbestimmung beträgt $\pm 20{,}0$ ms nach Berücksichtigung von $\frac{[\Delta U]}{n} = -\,1{,}41$ ms. Bildet man ΔU_w aus $\Delta U - w_B$ und errechnet den m. F. von ΔU_w, so verschwindet in dem Ausdruck $\frac{[\Delta U_w]}{n} = 0{,}13$ ms praktisch der dem gesamten Zeitsystem in den Jahren 1950—1956 anhaftende Betrag von $-1{,}41$ ms, und der m. F. einer einzelnen Zeitbestimmung aus ΔU_w beträgt jetzt $\pm 19{,}2$ ms. Der verbessernde Einfluß von w_B auf eine einzelne Zeitbestimmung ist also trotz der eindeutigen Abhängigkeit, wie sie in der Reihe $x\,y$ zum Ausdruck kommt, sehr gering und die Diskrepanz zwischen innerem und äußerem m. F. einer Zeitbestimmung erfährt nur eine geringe Abnahme.

Vergleicht man den hier ermittelten Kkf. von $+0{,}263$ mit dem in Teil B. 2. aus gleichzeitig ausgeführten Zeitbestimmungen erhaltenen von $+0{,}319$, so kann aus der ähnlichen Größenordnung beider Kkf. geschlossen werden, daß die Zeitbestimmungen im Mittel nur durch den Wind systematisch verfälscht waren, obwohl sie sicherlich noch andere systematische Fehler enthalten. Da die 1080 Zeitbestimmungen im ersten Viertel der Nacht ausgeführt wurden, sind sie zwar mit dem Katalogfehler $\Delta\alpha_\alpha$ behaftet, davon bleiben aber die Untersuchungen des Windeffekts unberührt, denn in den Jahren 1950 bis 1956 war das ganze Zeitsystem den Fehlerwellen des FK3 angepaßt, das heißt, es folgte ihnen, und $\Delta\alpha_\alpha$ kam so kaum in ΔU zum Ausdruck. Erst seit dem IGJ wird abends und

Tabelle 5

Auszug aus der Korrelationsrechnung für $\Delta U - w$

Jahr und Monat	n	x ΔU	y W_w	xy $\Delta U \cdot w$	$x - y$ ΔU_w
1950 7. – 12.	50	– 81	–103	+1527	+ 22
12. –1951 4.	50	– 3	– 75	+1123	+ 72
4. – 8.	50	–280	– 95	+1274	–185
8. – 12.	50	– 55	–250	+1756	+195
12. –1952 2.	50	–251	+ 47	+2777	–298
1952 3. – 6.	49	– 81	– 62	+1362	– 19
6. – 10.	50	– 71	– 6	+ 787	– 65
10. –1953 2.	50	– 37	– 74	– 116	+ 37
1953 2. – 6.	50	–115	– 89	+1255	– 26
7. – 11.	50	–499	–121	+3707	–378
12. –1954 4.	50	+174	–169	+1127	+343
1954 4. – 8.	50	– 72	– 79	+ 938	+ 7
8. –1955 2.	50	–111	–115	+ 997	+ 4
1955 2. – 5.	50	–125	+ 4	+1143	–129
5. – 8.	50	– 34	– 36	+ 589	+ 2
8. – 10.	50	– 97	–115	+1910	+ 18
10. –1956 1.	50	+ 62	– 52	+2460	+114
1956 1. – 4.	50	+ 88	– 77	+1346	+165
4. – 6.	50	+ 54	– 24	+ 262	+ 78
6. – 8.	50	+ 94	+ 13	+ 92	+ 81
8. – 11.	50	– 81	– 93	+ 988	+ 12
11. – 12.	31	– 2	– 95	+2274	+ 93
	[n] 1080	[x] –1523	[y] –1666	[xy] +29578	[$x - y$] +143

$[x^2] = 431967$

$[y^2] = 27416$

$2 \cdot [xy] = 59156$

518539

$[(x+y)^2] = 518539$

$r = +0{,}263 \pm 0{,}028$

$r_z = 0{,}090$

$$\frac{[\Delta U]}{[n]} = \frac{-1523}{1080} = -1{,}41$$

$$\frac{[\Delta U_w]}{[n]} = \frac{+143}{1080} = +0{,}13$$

$$\text{m.F. } \Delta U = \sqrt{\frac{429821}{1080}} = \pm 20{,}0\,; \quad \text{m.F. } \Delta U_w = \sqrt{\frac{400011}{1080}} = \pm 19{,}2$$

morgens beobachtet, eben um den Fehler $\Delta\alpha_\alpha$ zu erfassen. Deshalb wären die seitdem erhaltenen ΔU der Passageinstrumente für Untersuchungen des Windeffektes erst brauchbar, wenn sie von $\Delta\alpha_\alpha$ befreit würden.

11. Die Wirkung des Bodenwindes auf ein Zeitsystem

Die Untersuchungen dieses Abschnitts sind der Frage gewidmet, welche Auswirkung der Bodenwind auf ein aus laufenden Beobachtungen gewonnenes Zeitsystem in der Praxis eines Zeitdienstes hat. Untersucht und in Abb. 29 dargestellt ist der Zeitraum 1959. IX. 4. bis 1961. I. 6. Um eine bequeme und vielleicht auch mit anderen Stationen vergleichbare Darstellungsmöglichkeit zu erhalten, habe ich alle Beobachtungen auf das Zeitzeichen MSF bezogen. Die auf institutseigene Quarzuhren bezogenen astronomischen Beobachtungen sind auf MSF mit Hilfe des Vergleichs Quarzuhr Potsdam gegen Zeitzeichen MSF umgerechnet worden. Entsprechend dem beim G.I.P. üblichen Verfahren wurden aus den in etwa 84 Tagen erhaltenen Zeitbestimmungen Wochenmittel gebildet.

Dreizehn so erhaltene Stände von MSF, die sich stets auf einen Freitag bezogen, bildeten eine Ausgleichungsperiode und wurden parabolisch ausgeglichen. Jeder dieser Ausgleichungen ist hier der für die Mitte der Ausgleichungsperiode gültige ausgeglichene Stand M entnommen und in Abb. 29 dargestellt worden. Diese Stände sind also noch mit dem Einfluß des Windes behaftet. Berechnet man mit Hilfe des Reduktionsdiagramms (Abb. 21) w_B für jede Zeitbestimmung und korrigiert das Beobachtungsergebnis entsprechend, so erhält man unter Anwendung des geschilderten Ausgleichungsverfahrens die mit M_w bezeichneten und ebenfalls in Abb. 29 dargestellten ausgeglichenen Stände. Die Einzelkorrektionen w sind in Abb. 29 durch Punkte dargestellt. Maximal wurden im Februar 1960 $+7$ ms und im September 1960 -17 ms erhalten. Der aus übergreifenden Zwanziger-Mitteln von w dargestellte Linienzug (—.—.) schwankt zwischen $+2$ ms im Februar und -10 ms im September. Er vermittelt etwa die Größenordnung an systematischen Einflüssen, die durchschnittlich zu erwarten ist. Hier ist zu bemerken, daß sich das Zeitsystem des G.I.P. in dem untersuchten Zeitraum 1959. IX. 4 bis 1961. I. 6 auf die Beobachtungen von drei Beobachtern an drei Passageinstrumenten in einem Meridianhaus und auf Beobachtungen von zwei Beobachtern an einem Astrolab von Danjon gründet. Das Astrolab ist in einem besonderen Beobachtungshaus aufgestellt. Die Gesamtzahl der Beobachtungen setzt sich etwa zur Hälfte aus Beobachtungen an Passageinstrumenten und zur anderen Hälfte aus Beobachtungen am Astrolab zusammen. Für die Astrolabbeobachtungen liegt ein vorläufiges Untersuchungsergebnis über den Einfluß des Windes vor, das im nächsten Abschnitt 12. mitgeteilt ist.

Der Gesamtverlauf der dargestellten Standkurven von M und M_w ist in der Hauptsache durch den Einfluß von Polhöhen- und Rotationsschwankungen der Erde bestimmt sowie durch die Abweichungen von einem gleichförmigen Zeitmaß, die sich dadurch ergeben können, daß der Gang von MSF nicht streng der mittleren jährlichen Rotationsgeschwindigkeit der Erde entspricht. Diese drei Erscheinungen sind indessen nicht Gegenstand meiner Untersuchungen und somit auch nicht der weiteren Erörterungen.

Betrachtet man M und M_w im Zeitraum 1960. I. 1 bis 1960. IV. 22, so ist der verbessernde Einfluß von w_B auf M deutlich erkennbar, indem M_w nicht nur einen ruhigeren, sondern auch einen gesetzmäßigeren Verlauf zeigt. Im Gesamtverlauf ergibt M_w gegenüber M eine aus dem vorherrschenden Einfluß östlicher Winde resultierende negative Längenkorrektion mit jahreszeitlichen Schwankungen, wobei das Minimum nach A. 6., Abb. 10 und B. 5., Abb. 18—19 immer in den Sommermonaten zu erwarten sein dürfte. Für das Jahr 1960 ergibt die Längenkorrektur im Mittel aus $\frac{[M_w - M]}{n}$ — 2,89 ms. Damit sind der verbessernde Einfluß auf das Zeitsystem der Station Potsdam und der korrigierende Einfluß auf ihre geographische Länge kenntlich gemacht. Daß die Wirkung von w_B über kürzere Zeiträume auch größer sein kann, als es 1960 der Fall war, ist in der Darstellung im Zeitraum 1959. X. 9. bis etwa 1959. XII. 25. zu erkennen. Das Verhalten von M_w und M wird weiter verfolgt werden, da es im Hinblick auf das Phänomen der Schwankungen geographischer Längen [5. Abb. 1], [6] interessant ist, den durchschnittlichen jährlichen Einfluß von w_B auf ein Zeitsystem über eine Reihe von Jahren kennenzulernen.

Die verbessernde Wirkung von w_B besteht nicht, wie bereits im Abschnitt 10. festgestellt wurde, in einer beachtlichen Senkung der sogenannten „zufälligen Fehler", sondern in der Ausschaltung eines offensichtlich systematischen Einflusses. Wenn M. S. Zverev in [2] meint, die Vernachlässigung des Windeffekts sei weder bei den Zeitdiensten noch in der Meridianastronomie zulässig, so darf diese Bemerkung gewiß auf Arbeiten in astronomisch-geodätischen Netzen ausgedehnt werden. Der Einfluß behält, wie aus Teil A. 8., B. 12. und C. 6. hervorgeht, seine Gültigkeit bei astronomisch-geodätischen Arbeiten auf Feldstationen auch dann, wenn er durch andere Einflüsse überlagert ist. In Verbindung mit den Untersuchungen im nächsten Abschnitt und Teil C. 6. und 7. wird das deutlicher.

12. Der Einfluß von K_B auf Zeitbestimmungen mit dem Astrolab von Danjon

Zur Untersuchung der Frage, ob auch die Beobachtungsergebnisse am Astrolab von Danjon bezüglich ΔU eine Abhängigkeit von K_B zeigen, standen 537 Beobachtungen zur Verfügung, die sich über den Zeitraum 1957. X. 8. bis 1959. XII. 23. erstrecken. Die Ermittlung von ΔU erfolgte in der gleichen Weise wie es im Teil B. 1. und in [13] beschrieben ist. Seit 1957 sind die ΔU aus einem System abgeleitet, das sich etwa zu gleichen Teilen auf zwei verschiedene Instrumententypen aufbaut. Die persönliche und instrumentelle Gleichung zur Ermittlung des definitiven ΔU ist ebenfalls aus diesem zusammengesetzten System abgeleitet. Aus diesem Grunde ist das in der Folge beschriebene Ergebnis als vorläufig zu bezeichnen; denn es hätte ein allein aus Beobachtungen am Astrolab bestehendes System gebildet werden müssen, um einen strengen Vergleich mit dem Ergebnis in Teil B. 4., Abb. 17 zu erhalten. Diese sehr zeitraubende Arbeit konnte im Rahmen dieser Veröffentlichung nicht mehr durchgeführt werden. Indessen gestattet das Ergebnis doch die Beantwortung der eingangs gestellten Frage und läßt noch einige andere Folgerungen zu.

Da die Untersuchung in der gleichen Weise wie bei den Passageinstrumenten durchgeführt wurde, kann auf Teil B. 4., Abb. 17 verwiesen werden. Wir können uns also sofort der Betrachtung von Abb. 28 zuwenden und sie mit Abb. 17 vergleichen. Bei Westwinden wird durchschnittlich positives und bei Ostwinden negatives ΔU erhalten. Dem starken Ansteigen von ΔU in Abhängigkeit von K_{BE} steht ein schwaches Fallen von ΔU in Abhängigkeit von K_{BW} gegenüber. Dagegen ist k in Abb. 28 auffällig groß im Vergleich zu Abb. 17. Die Gründe für das fallende ΔU bei K_{BW} und für k sind in der erläuterten Bearbeitungsmethode bei der Ermittlung des definitiven ΔU zu suchen. Die instrumentelle Überlegenheit des Astrolabs kommt darin zum Ausdruck, daß die m. F. in Abb. 28 bedeutend kleiner als in Abb. 17 sind. Das Ergebnis in Abb. 28 läßt es berechtigt erscheinen, auch die am Astrolab gewonnenen ΔU mit Hilfe des Reduktionsdiagramms Abb. 21 zu verbessern, denn das Hauptmerkmal $W = + \Delta U$ und $E = - \Delta U$ tritt an beiden Instrumententypen auf.

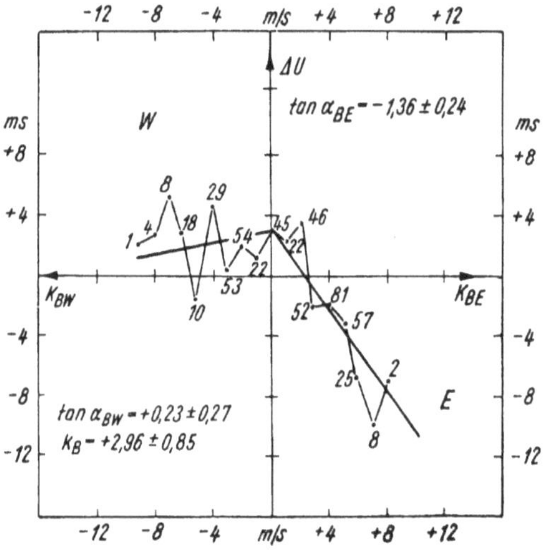

Abb. 28. Die Abhängigkeit der mit dem Astrolab erhaltenen Uhrkorrektionen von der Bodenwindstärke

Das Ergebnis dieses Abschnitts läßt noch folgende Betrachtungen zu. Das Astrolab ist in einem Beobachtungsraum untergebracht, der viel kleiner als das Meridianhaus ist und eine größere Spaltöffnung hat, die dicht über dem Instrument liegt. Es besitzt künstliche Ventilation, die auch in den Beobachtungspausen arbeitet und zu deutlich kleineren Temperaturunterschieden zwischen innen und außen gegenüber dem Meridianhaus beiträgt. In einem Beobachtungsprogramm werden Sterne aus acht Rektaszensionsstunden benutzt, so daß der Katalogfehler $\Delta\alpha_\alpha$ kaum noch Einfluß auf ΔU haben kann. In [21] ist von E. BUSCHMANN die Arbeitsweise für das Astrolab in Potsdam beschrieben. Der Windeffekt dürfte somit nicht vom Instrument, vom Beobachtungsraum und vom FK3 abhängig sein. Er ist vielmehr ein zwar kleiner, aber inhärierender Bestandteil aller Ergebnisse astronomischer Positionsbestimmungen, so sehr diese auch noch durch andere Einflüsse verfälscht sein mögen. Aus Teil C. 6. und 7. ist zu ersehen, weshalb der Windeinfluß nicht von der instrumentellen Seite oder durch besondere Konstruktion des Beobachtungsraumes ausgeschaltet werden kann.

Teil C. Vergleichende Betrachtungen und mögliche Ursachen des Windeffektes

1. Allgemeines

Über den Einfluß der Bodenwindrichtung R_B auf Zeitbestimmungen lagen bereits vor Beginn der hier mitgeteilten Untersuchungen übereinstimmende Ergebnisse vor [1, 3, 4, 28]. Abb. 16 im Teil B. 3. stellte indessen nicht nur eine Bestätigung dieser Ergebnisse dar, sondern warf Fragen auf, die bestimmend für den Fortgang der Untersuchungen waren. Auf der Suche nach dem Grund für den Unterschied der Amplituden bei Ost- und Westwinden sowie für deren jahreszeitliche Schwankungen habe ich die weiteren Untersuchungen (Teil B. 4., 7., 9.) unter möglichster Voraussetzungslosigkeit bei größter Detaillierung des Beobachtungsmaterials sowie mit Einbeziehung der freien Atmosphäre betrieben. Ein solches Untersuchungsverfahren mußte zwangsläufig schwerfällig sein. Es kam mir aber darauf an, jegliche Annahme zu vermeiden, für die *vor* der Untersuchung des Einflusses der Wind*stärken*, getrennt nach östlichen und westlichen Boden- und Höhenwinden und nach Monaten, keine ausreichende empirische Basis vorlag und für die ohne Kenntnis der Gründe für die Charakteristika des Windeffektes, die erst durch vergleichende Betrachtungen der nunmehr vorliegenden Ergebnisse und an Hand meteorologischer Grundtatsachen erhalten werden, keine Begründung gegeben werden konnte. Die Bedürfnisse des Zeitdienstes werden durch das Reduktionsdiagramm (Abb. 21) ausreichend befriedigt; der Weg für eine endgültige Interpretation und theoretisch begründbare exakte Formulierung des Windeffektes ist durch keinerlei Annahmen bei seiner empirischen Ermittlung beschwert. Daß ich diesbezügliche Untersuchungen einem entsprechend geschulten Geophysiker überlassen muß, sagte ich bereits im Vorwort. Die weiteren Betrachtungen können also lediglich einen vorbereitenden Versuch zur endgültigen Interpretation der Untersuchungsergebnisse darstellen.

2. Die Ursache der unterschiedlichen Wirkung von R_B

Solange lediglich der Einfluß der Bodenwindrichtung R_B bekannt war, bewegte sich die Diskussion um die Herkunft des Unterschiedes zwischen p_{BE} und p_{BW} (Abb. 16) sowie deren jahreszeitlichen Schwankungen. Nachdem $\tan \alpha_B$ und k_B (Abb. 20) bekannt sind, kann die Abhängigkeit der Amplituden von diesen beiden Größen untersucht werden. Die Abhängigkeit wird deutlich, wenn man mit Hilfe eines aus den Abb. 18 und 19 erhaltenen mittleren K_B für die vier meteorologischen Jahreszeiten (I—IV) w_B aus $(K_B \cdot \tan \alpha_B) + k_B$ errechnet und den entsprechenden Amplituden p_B gegenüberstellt, wie es in Tab. 6 und Abb. 30 geschehen ist. Diese Darstellung zeigt als Probe wieder den Unterschied von p_{BE} und p_{BW} einschließlich deren Schwankungen, doch muß man weiterhin nach der Herkunft von k_B und der verschiedenen Wirkung von $\tan \alpha_B$ fragen.

Tabelle 6

Werte w_B und p_B für Abb. 30

		K_B	w_B	p_B
I	E	+2,83	−3,64	− 7,53
	W	−3,16	+2,83	+ 8,21
II	E	+3,11	−3,16	− 7,12
	W	−2,81	+3,76	+ 7,55
III	E	+2,36	−3,87	− 5,23
	W	−2,88	+0,44	+ 1,85
IV	E	+3,03	−8,36	−10,89
	W	−3,15	+2,35	+ 6,11

Im Hinblick auf die unterschiedliche jahreszeitliche Verteilung von K_B (Abb. 11) ist auf die Möglichkeit eines Einflusses dieser Verteilung auf k_B zu achten. Betrachtet man hierzu Abb. 5 im Teil A, so ist kein nennenswerter Unterschied in der Häufigkeitsverteilung von R_{BE} und R_{BW} im $6^1/_2$jährigen Mittel festzustellen. Es ist auch keine deutliche Beziehung von K_{BE}, K_{BW} in Abb. 11 zu k_{BE}, k_{BW} in Abb. 20 zu erkennen. Daß die Untersuchungen in

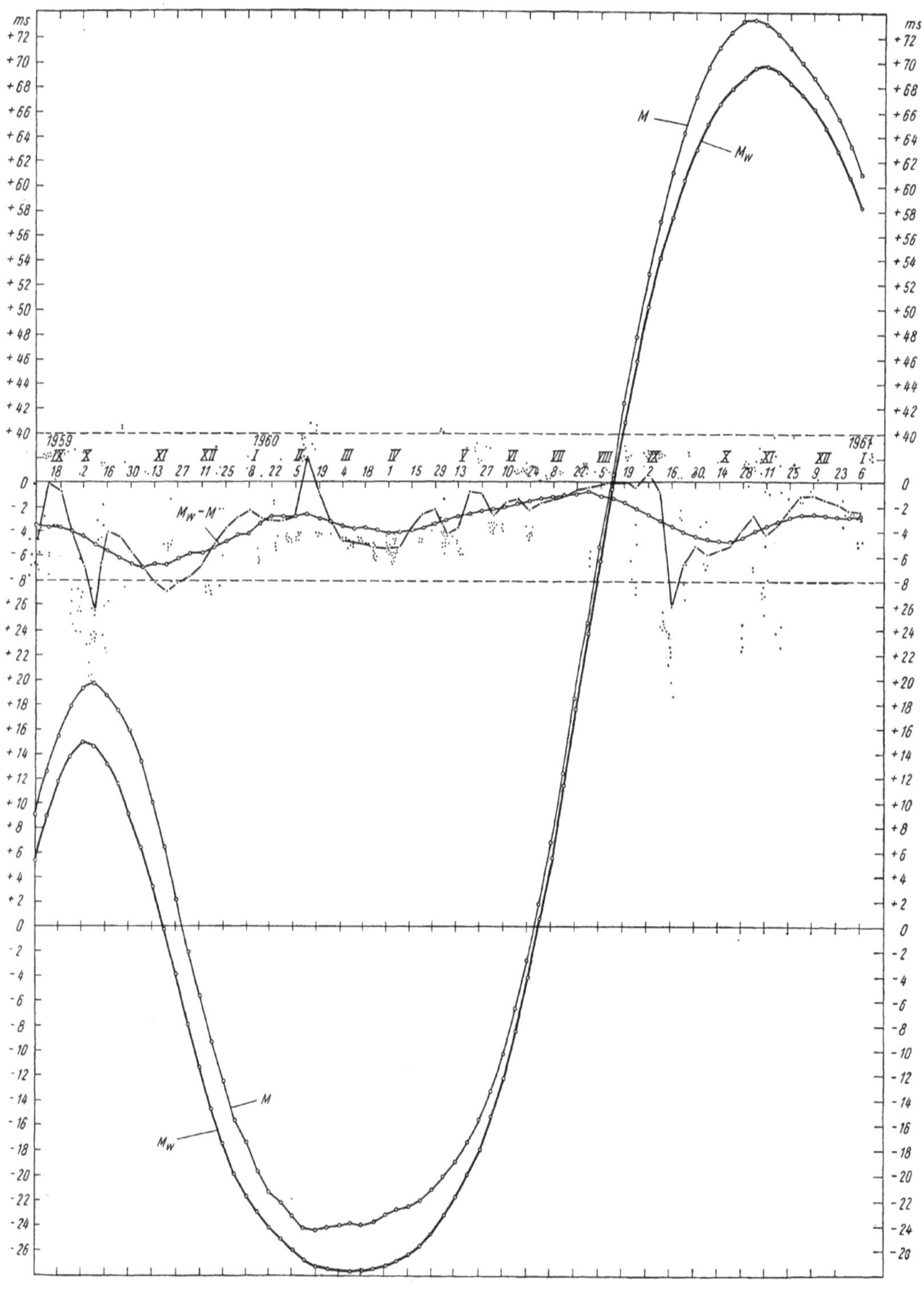

Abb. 29. Die Wirkung des Bodenwindes auf das Zeitsystem des Geodätischen Instituts Potsdam im Jahre 1960

Tokio [1] trotz der jahreszeitlich entgegengesetzten Verteilung von K_B zwischen Tokio und Potsdam und entsprechend auch der Luftdruckkomponenten [4, Bild 7] in guter Übereinstimmung bezüglich p_{BW} und p_{BE} sind, ist in diesem Zusammenhang sehr bemerkenswert, indem der Einfluß gemeinsamer meteorologischer Wirkungsfaktoren, insbesondere der Höhenströmung (Abb. 30), [7] von Bedeutung zu sein scheint.

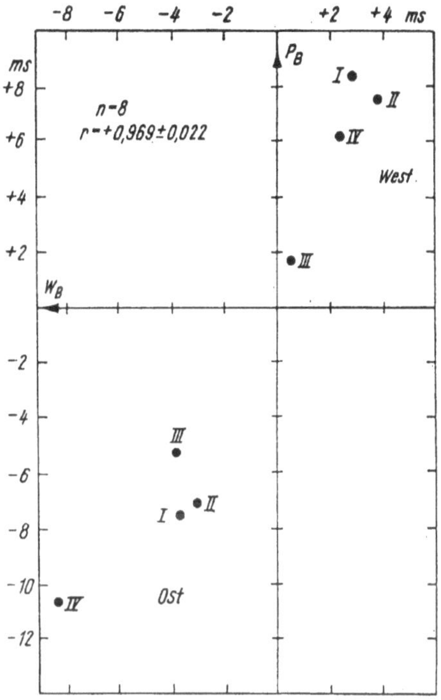

Abb. 30. Korrelation zwischen p_B und w_B

3. Die Beziehung zwischen tan α und k

In der allgemeinen Formulierung $w = (v \cdot \sin R \cdot \tan \alpha) + k$ erscheint k als ein jeweils nicht zum Boden- bzw. zum Höhenwind gehöriges Glied. Betrachtet man die Abb. 20 und 26 im Teil B. 5. und B. 8., so scheint mit einem Anstieg von $\tan \alpha_{BE}$ eine Abnahme von k_H verbunden zu sein. Entnimmt man den Abb. 18, 19 und 24, 25 $\tan \alpha_{BE}$ und k und stellt sie zu Wertepaaren zusammen (Abb. 31), so ergibt sich eine straffe Beziehung zwischen $\tan \alpha_{BE}$ und k_H, aber nicht zwischen den anderen $\tan \alpha$ und k.

Der Wert dieser Untersuchung ist dadurch eingeschränkt, daß die zwölf Wertepaare, da sie aus übergreifenden Monatsmitteln gewonnen sind, nur eine begrenzte Unabhängigkeit besitzen. Ich habe deshalb in jeder Darstellung die den vier meteorologischen Jahreszeiten entsprechenden unabhängigen Wertepaare durch doppelte Kreise kenntlich gemacht. Die Abhängigkeit zwischen $\tan \alpha_{BE}$ und k_H bleibt auch bei einer solchen Einschränkung erkennbar.

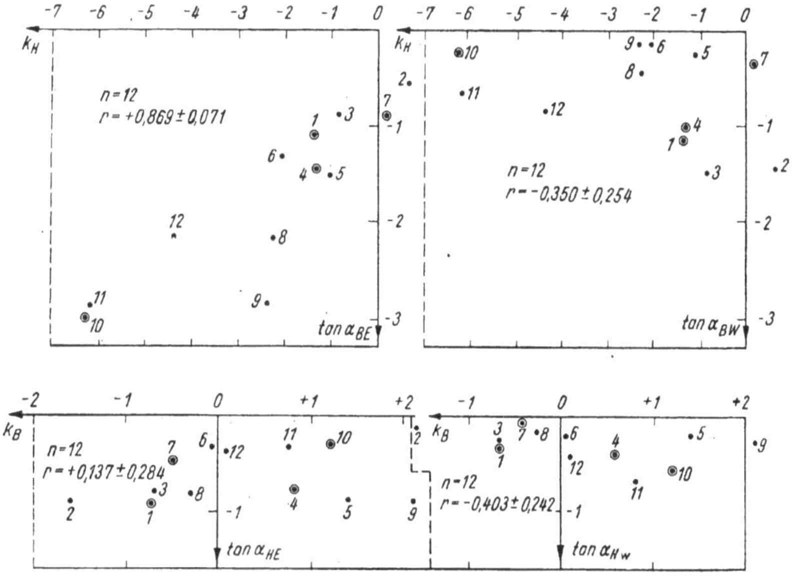

Abb. 31. Korrelation zwischen k und $\tan \alpha$

Die Trennung der Luftströmungen der Troposphäre in Boden- und Höhenwind ist für den vorliegenden Zweck durchaus berechtigt, doch bilden letzten Endes die Bodenreibungsschicht und die sogenannte freie Atmosphäre bis zur Tropopause ein zusammenhängendes Strömungssystem, das in seiner Gesamtheit vorherrschend für das Wettergeschehen verantwortlich ist. Es kann nach Abb. 31 angenommen werden, daß k_H beziehungsweise $\tan \alpha_{BE}$ durch gegenseitige Beeinflussung von Boden- und Höhenwind erzeugt wird. In der Formel ($v \cdot \sin R \cdot \tan \alpha$) kommt entweder nur die Wirkung des Bodenwindes oder nur die des Höhenwindes zum Ausdruck. Erst mit k wird jeweils ergänzend der Einfluß der gesamten Troposphäre erfaßt. Daher ist nicht zu erwarten, daß die ausgleichenden Geraden, die $\tan \alpha$ darstellen, bei $K = 0$ durch Null gehen. Wenn am Boden Windstille oder, wie hier, nahezu Windstille herrscht, ist in den höheren Schichten immer noch eine durchschnittliche Windstärke von $\approx 5{,}0$ kg/m² s mit erheblichen Luftdruckdifferenzen vorhanden (Abb. 10). Es besteht wahrscheinlich ein ständiger Windeinfluß, der durch das k-Glied ausgedrückt ist, das heißt, durch k_B kommt also der Einfluß der gesamten Troposphäre zum Ausdruck. Das Zusammenwirken von Bodenreibungsschicht und freier Atmosphäre ist in Abschnitt 6., und in Abschnitt 4. ist die Beziehung zwischen $\tan \alpha_B$ und der Korrelation R_B/R_H (Abb. 6—9) dargestellt.

Die gute Übereinstimmung zwischen Potsdam und Tokio bei den Untersuchungen in [4], trotz des jahreszeitlich entgegengesetzten Verhaltens von K_B, dürfte in der Gleichartigkeit der Höhenströmung [7, Seite 70, 71] an diesen Stationen ihre alleinige Ursache haben. Die Allgemeingültigkeit des Windeffektes erscheint somit durch den Grad der Gleichartigkeit im Gesamtverhalten der Troposphäre begrenzt. Im Vorwort habe ich bereits darauf aufmerksam gemacht, daß nach den Untersuchungen in [5] für Nordamerika mit einem anderen Verhalten des Windeffektes, insbesondere also des k_H-Gliedes und $\tan \alpha_{BE}$, zu rechnen ist.

Ohne auf die Fragen näher eingehen zu können, die die sehr unterschiedliche Verteilung der Höhenwindrichtungen in Abb. 5 und der Höhenwindkomponenten in Abb. 12 mit sich bringen, verweise ich auf diese beiden Darstellungen, von denen ich hoffe, daß sie für theoretische Erörterungen detailliert genug aufbereitet sind. Der systematische Einfluß von $-1{,}41$ ms aus $\frac{[\Delta U]}{[n]}$ in Tabelle 5 im Teil B. 10. ist zwar durch die Reduktion von ΔU mit Hilfe von w_B behoben worden, doch möchte ich diese Tatsache nicht als ausreichenden Beweis für ein Nichtvorhandensein von systematischen Einflüssen ansehen, die auf Verteilungsverhältnisse beim Höhenwind (Abb. 5) beruhen könnten. Auf die östliche Abweichung der Schnittpunkte der Regressionslinien von der Linie 32—32 bei den Westwinden in den Abb. 6 und 9 sei an dieser Stelle hingewiesen, da sie mitverantwortlich für die vorherrschend negative Beeinflussung des Zeitsystems durch den Wind sein könnte.

4. Die Beziehung zwischen $\tan \alpha$ und der Korrelation von R_B zu R_H

Da aus der straffen Beziehung des k_H-Gliedes zu $\tan \alpha_{BE}$ auf die Beeinflussung von w_B durch den Höhenwind geschlossen werden kann, scheint es möglich, daß die Schwankungen von $\tan \alpha_B$ durch die wechselnde Korrelation zwischen R_B und R_H verursacht werden. Die Beziehung R_B zu R_H ist im Teil A. 4. untersucht worden und in den Abbildungen 6 bis 9 dargestellt. Stellt man die dort gefundenen Kkf. (r_{BH}) zwischen den Jahreszeiten I—IV nach Ost- und Westwinden getrennt den entsprechenden $\tan \alpha_B$, wie sie aus den Abbildungen 18 und 19 des Teiles B. 4. zu entnehmen sind, gegenüber, so ergibt das acht unabhängige Wertepaare, deren numerische Werte in Tab. 7 mitgeteilt und in Abb. 32 dargestellt sind. Zwischen r_{BH} und $\tan \alpha_B$ scheint Abhängigkeit in dem Sinne zu be-

Tabelle 7

Werte tan α und r_{BH} für Abb. 32

	r_{BHE}	tan α_{BE}	tan α_{HE}	r_{BHW}	tan α_{BW}	tan α_{HW}
I	+0,35	−1,11	−0,93	+0,79	−1,17	−0,34
II	+0,42	−1,46	−0,79	+0,68	−1,05	−0,40
III	+0,52	−0,90	−0,49	+0,48	−0,37	+0,08
IV	+0,73	−3,01	−0,32	+0,70	−0,25	−0,57

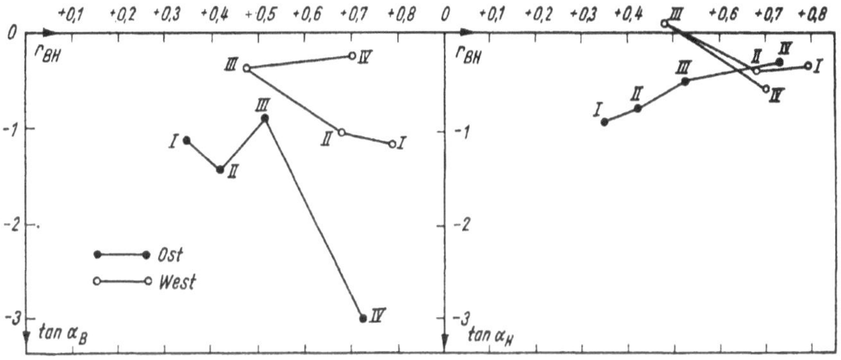

Abb. 32. Beziehung zwischen r_{BH} und tan α

stehen, daß mit geringerem Richtungsunterschied zwischen R_B und R_H tan α_B ansteigt, und zwar stärker bei tan α_{BE} als bei tan α_{BW}. Dagegen scheint tan α_{HE} im rechten Teil der Abb. 32 eindeutig mit wachsendem r_{BH} zu fallen und nur tan α_{HW} mit wachsendem r_{BH} zu steigen. Auf diese Erscheinungen sei hier lediglich hingewiesen, da sie gewisse Abhängigkeiten zwischen dem Einfluß des Boden- und Höhenwindes auf tan α in dem Sinne zu demonstrieren scheinen, daß nicht nur die Bodenreibungsschicht, sondern die gesamte Troposphäre wirksam ist.

5. Zur Saalrefraktion

Saalrefraktion kann stets nur beim Vorhandensein eines Temperaturgradienten in Instrumentennähe angenommen werden und muß von der Größe dieses Gradienten abhängig sein. Ein solcher Gradient ist ohne Zweifel nach Teil A. 7. vorhanden und wird durch den Wind gesteuert (Abb. 15). Diese von der Windstärke abhängige Steuerung führt aber zu dem eklatanten Widerspruch, daß trotz Abnahme der Temperaturdifferenz bei gleichzeitig wachsender Windstärke — bis zu ihrem vollständigen Verschwinden bei $v \approx 10$ m/s nach Abb. 15 ΔU gemäß den Untersuchungen in Abb. 18 und 19 des Teiles B. 4. zunimmt. Es mag dahingestellt sein, ob damit die Möglichkeit von Saalrefraktion für die in [9] kritisierten Potsdamer Meridianhäuser ausgeschlossen ist. Auf keinen Fall wird man von Identität zwischen Windeffekt und Saalrefraktion sprechen können. Auch die übereinstimmenden Ergebnisse bezüglich des Windeffektes mit anderen Stationen [1, 3, 4, 28], die unter wesentlich anderen topographischen, architektonischen und klimatischen Verhältnissen arbeiten, sprechen gegen eine Erklärung des Windeffekts durch Saalrefraktion. Es ist ferner darauf hinzuweisen, daß gerade in den Monaten 5, 6, 7 mit dem größten Δt (Teil A, Abb. 14) tan α_B (Abb. 18) sehr klein ist und überhaupt eine Abhängigkeit zwischen Δt und tan α_B sowie k_B nicht zu erkennen ist. Schließlich sei noch daran erinnert, daß im Teil B. 2. beim Vergleich aller gleichzeitig ausgeführten Zeitbestimmungen nur ein Kkf. von +0,319 gefunden wurde, der zwar größte Ähnlichkeit mit dem aus der Beziehung ΔU zu w im Teil B. 10., Tabelle 5 gefundenen Kkf. von +0,263 besitzt, aber nur etwa ein Drittel der Straffheit hat, die in [18] aus thermischen Einflüssen in Instrumentennähe gefunden wurde. Diesbezügliche Fragen sind am Ende des nächsten Abschnittes weiterbehandelt.

6. Zum Verhalten von tan α bei östlichen und westlichen Bodenwinden

Zu den auffälligen Erscheinungen bei der Untersuchung des Einflusses von K_B auf ΔU gehört die Tatsache, daß tan α eindeutig größer bei östlichen Bodenwinden gegenüber den westlichen ausfällt. Es ist hier auf die in der Meteorologie bekannte Tatsache hinzuweisen, daß im mitteleuropäischen Raum bei östlichen Winden in der weit überwiegenden Zahl der Fälle ein Beobachtungsort sich in einer antizyklonalen Wetterlage befindet, bei der die Luftmassen große Stabilität besitzen. Dagegen herrscht bei westlichen Bodenwinden die zyklonale Wetterlage vor, bei der das Verhalten der Luftmassen durch Labilität charakterisiert ist. Diese grundlegenden Tatsachen kommen im Verhalten von tan α bei östlichen und westlichen Bodenwinden zum Ausdruck.

Der Luftaustausch zwischen verschieden erwärmten Zonen der Erdkugel erfolgt in der Hauptsache durch advektive Strömungen. Infolge von Höhenunterschieden des Geländes, Bodenbewachsung und Bebauung ist dieser Austausch insbesondere über dem Festland mehr oder weniger stark gebremst, das heißt, der Bodenwind übt einen Impuls auf die ihm entgegenstehenden Hindernisse aus.

Im widerstandslosen Falle, wie wir ihn oberhalb von $\approx$1000 m finden, gleicht sich die Strömung stets dem Verlauf der Isobaren an. Erst als Folge der Reibung wird am Boden ein Luftmassentransport quer zum Verlauf der Isobaren vom hohen zum tiefen Druck möglich (Abb. 1). Die Erdoberfläche ist also das Hauptausgleichsniveau der Luftströmungen. Da man annehmen müßte, daß die Reibung einem Ausgleich von Druckgegensätzen hinderlich sei, wird ihre ausgleichende Wirkung als ein meteorologisches Paradoxon bezeichnet. Die Reibung ist auch die Ursache dafür, daß der Luftdruck über Kaltluft in der Höhe tief und über Warmluft in der Höhe hoch ist [7, S. 29]. Die Luftversetzung erfolgt in der Höhe in der Regel vom Tief zum Hoch. Das wechselnde Zusammenwirken mit dem Bodenwind kommt in den Kkf. der Abb. 6 bis 9 zum Ausdruck und wird in bezug auf die Zeitbestimmungen durch den steuernden Einfluß auf tan α (Abb. 32) deutlich.

Die Bodenreibung und die Ablenkungskraft der Erdrotation (Corioliskraft) bewirken eine Rechtsdrehung des Windes auf der Nordhalbkugel (Abb. 1) und eine Linksdrehung auf der Südhalbkugel. Zur horizontalen Ablenkungskraft infolge der Erdrotation kommt noch eine vertikale Komponente, die der ost-westlichen Geschwindigkeitskomponente der Bewegung proportional ist, also nicht in meridionaler Richtung auftritt [22, S. 434; 7, S. 20]. Diese Komponente bewirkt, daß Westwind gleichsam vom Boden abgehoben und Ostwind gegen den Boden gedrückt werden. Der vorherrschende Einfluß östlicher Bodenwinde, wie er in den Abb. 16 bis 19 des Teiles B zu sehen ist, dürfte hierin in Verbindung mit der unterschiedlichen Stabilität der Luftmassen bei zyklonaler und antizyklonaler Wetterlage seine Ursache haben, und es ist danach nicht zu erwarten, daß Ost- und Westwinde gleiches tan α besitzen. In diesem Zusammenhang ist gemäß [7, S. 30] darauf hinzuweisen, daß die statischen Druckeffekte am Boden von den dynamischen völlig verdeckt werden und sich die durch Temperaturunterschiede hervorgerufenen Druckdifferenzen nur in der Höhe deutlich auswirken, so daß nur die aus der gesamten Troposphäre stammenden Druckdifferenzen auf die Erdoberfläche zusammen mit der Luftmassenverlagerung wirken können. Man darf annehmen, daß der durch Reibung erzeugte Winddruck am Boden, wechselnd unterstützt durch den Höhenwind (C. 4.), im Sinne eines Impulses in Verbindung mit dem statischen Druck der gesamten Troposphäre auf die Erdoberfläche deformierend wirkt. Daß eine Einwirkung der Atmosphäre durch barometrische Belastungsänderungen und Windimpuls auf die Erdoberfläche vorhanden ist, geht bereits aus Untersuchungen von H. Lettau [23], R. Tomaschek [24] und Y. Mintz und W. Munk [25] hervor. In einer Arbeit von M. Bossolasco, I. Dagnino [26] mit dem Titel „Sulla genesi dei microismi“ wurde erstmalig mit Hilfe der in Genua von März 1953 bis Mai 1954 registrierten Erd- und Seebeben nachgewiesen, daß stets in der Nähe großer Bewegungen der See entsprechend große mikroseismische Aktivität besteht. Untersuchungen der vielen anderen Fälle von Mikroseismik haben ergeben, daß sie alle durch unmittelbare Wirkung des Windes auf die Bodenoberfläche verursacht sind. Somit dürfte es sich bei tan α_B mit Wahrscheinlichkeit um einen dynamischen Einfluß infolge des Windimpulses mit wechselnder Wirkung in Abhängigkeit von der Korrelation R_B zu R_H handeln und bei k_B um einen statischen Druckeffekt der gesamten Troposphäre. Es erscheint nicht zwecklos, die Ursache des Windeffekts auf Zeitbestimmungen auch mit gravimetrischen und seismischen Mitteln zu untersuchen.

Derartige Untersuchungen könnten aber nur dann aufschlußreich werden, wenn sie nicht unter der Erdoberfläche ausgeführt würden, sondern unter denselben Verhältnissen stattfänden, unter denen astronomisch beobachtet wird. In diesem Zusammenhang sei darauf aufmerksam gemacht, daß die Beobachtungspfeiler im allgemeinen etwa 3 m tief gegründet sind, sich also auf einer durch geringe Dichte (zum Teil unter 2,0 g/cm^3) und hohe Elastizität ausgezeichneten Sedimentschicht befinden, die mit ihren zahlreichen Unebenheiten, Bewachsung und Bebauung unmittelbare Berührung mit der bewegten Atmosphäre hat. Wie man aus einer Arbeit von L. Hiersemann [29] mit dem Strainseismometer erfährt, ist sowohl der Wind wie die wechselnde Bodenfeuchtigkeit von Einfluß auf Bodendeformationen. Die Tatsache, daß verschiedene Stationen dazu übergehen, gravimetrische und seismische Mittel zum Studium astronomischer Beobachtungsfehler einzusetzen, spricht jedenfalls dafür, daß man sich nicht mehr allein auf refraktionsmäßige Erklärungen verlassen möchte.

Die Entfernung des Beobachtungsortes von den Hoch- und Tiefdruckkernen der Troposphäre und die wechselnde Höhe der Tropopause sind von mir nicht berücksichtigt. Hierauf wäre für theoretische Erörterungen gegebenenfalls Rücksicht zu nehmen.

Es ist wahrscheinlich, daß der Windeffekt nicht nur bei stationärer Beobachtung im geschützten Raum gilt, sondern auch auf Feldstationen [20]. Wäre der Windeffekt vorherrschend oder ausschließlich eine Folge von Saalrefraktion oder vom Winde gesteuerter thermischer Einflüsse auf das Instrument, also eine Folge der in nächster Nähe des Beobachtungsinstrumentes herrschenden Temperaturverhältnisse, so könnte der Einfluß der Großwetterlage nicht in Erscheinung treten. Damit ist freilich nicht gesagt, daß thermische Einflüsse aus der Nähe des Instruments überhaupt nicht vorhanden sind oder ihre Ausschaltung überflüssig wäre, doch können diese Einflüsse kaum ausschließlicher, vorherrschender oder systematischer Natur im Hinblick auf ein Zeitsystem sein. Wäre dies der Fall, könnte die Übereinstimmung des Windeffekts mit meteorologischen Grundtatsachen nicht in den Beziehungen tan α_{BE} zu tan α_{BW} und tan α zu r_{BH} (Teil C. 4.) zum Ausdruck kommen.

7. Zur Refraktionswirkung der Atmosphäre

Da Refraktionsuntersuchungen stets von Dichtegradienten ausgehen müssen, habe ich den Bodenwind gemäß Abb. 1 um den Ablenkungswinkel γ gedreht, um die Richtung des barischen Gradienten und seine Beziehung zur Komponentenrichtung Ost—West zu erhalten. In der Einleitung ist das Ergebnis jener Untersuchung einer theoretischen Abschätzung unter Annahme normaler Refraktion gegenübergestellt worden. Die aus Beobachtungen ermittelte Schichtenneigung übertrifft in [13] die theoretische Erwartung im Verhältnis 3."7 : 1."7. Wenn man also auf dem Standpunkt von Refraktionswirkung beharren will, muß man sich zur Annahme anomaler Refraktion entschließen, womit dann trotz der Diskrepanz 3."7 : 1."7. eine Erklärung des Windeffekts durch Refraktion noch nicht ausgeschlossen wäre. Wenn aber Refraktion aus der Atmosphäre, also außerhalb des Beobachtungsraumes, die alleinige oder vorherrschende Ursache des Windeffekts sein soll, dürfte ein mehrfaches Anwachsen der Diskrepanz 3."7 : 1."7 bei Verwendung effektiven Windes, wie es in guter Übereinstimmung mit Tokio und Leningrad [4, Bild 1] bereits festzustellen war, nicht eintreten; denn bei Verwendung von effektivem Wind ist die für Refraktionsuntersuchungen unerläßliche Beibehaltung der Gradientrichtung außer acht gelassen. Daß dem *Vorzeichen* von ΔU entsprechend die Refraktionsannahme bestätigt erscheint, entbindet nicht von der Forderung, daß nur bei Verwendung der Gradientrichtungen ein maximaler Effekt auftreten dürfte.

Schließlich wurde noch ein im Teil B. 9. mitgeteilter Versuch durchgeführt, der zu keinem plausiblen Ergebnis führte, wie aus Abb. 27 zu ersehen ist. Die oft in Veröffentlichungen zum Thema atmosphärischer Einflüsse auf astronomische Beobachtungen ausgesprochene Erwartung bezüglich der Einwirkung höherer atmosphärischer Schichten im Sinne von Refraktionswirkung wird durch das Ergebnis in Abb. 27 in keiner Weise bestätigt.

8. Schlußbemerkungen

Obwohl seitens der astronomischen Zeitmessung die Bemühungen um eine gleichförmige Zeit im Vordergrund des Interesses stehen, wozu nach Teil B. 11. (Abb. 29) der Windeffekt nur einen kleinen Beitrag liefert, haben doch in den letzten Jahren mehrere Observatorien derartige Untersuchungen teils erstmalig, teils als Fortsetzung früherer Versuche in ihr Arbeitsprogramm aufgenommen. Von der astronomischen Seite interessiert der Windeffekt hauptsächlich in bezug auf die Verbesserungsmöglichkeit der Beobachtungsresultate. Infolge seines geophysikalischen Charakters ist aber zu hoffen, daß dem Phänomen bezüglich seiner Ursachen, zu denen hier nur sondierende und formale Hinweise gegeben werden konnten, seitens der Geophysik und Geodäsie im Hinblick auf deren Probleme, insbesondere der Erdkrustenbewegung, erhöhtes Interesse entgegengebracht wird. An den Hinweis in [25], daß astronomische Beobachtungen vielleicht einen Beitrag zur LOVEschen Zahl liefern können, sei erinnert.

In der Arbeitsanweisung [27] für das Internationale Geophysikalische Jahr (IGJ) ist die Empfehlung enthalten, nach Möglichkeit Untersuchungen über den Einfluß des Windes anzustellen. Eine derartige Untersuchung, die erst nach Abschluß der vorliegenden Arbeit zu meiner Kenntnis gelangte, stellt die Arbeit von P. M. AFANASYEVO [28] dar, in der mit einem photoelektrischen Passageinstrument von Zeiss der Einfluß der Windrichtungen auf Zeitbestimmungen im Jahre 1955 untersucht wird. Das Ergebnis ist in sehr guter Übereinstimmung mit [1] und [4] und zeigt wiederum den vorherrschenden Einfluß östlicher Winde. Damit wird erneut der geophysikalische Charakter des Phänomens unterstrichen, wie ich ihn im Teil C darzustellen versucht habe.

Ein auf Grund der Untersuchungen von P. M. AFANASYEVA [28] durchgeführter Vergleich zwischen den Stationen Tokio, Potsdam mit Pulkowo, wie er in Abb. 33 dargestellt ist, zeigt, daß der Einfluß der Bodenwindrichtung auf Zeitbestimmungen in dem Sinne von der geographischen Breite abhängig zu sein scheint, wie es infolge Wirkung der Corioliskraft zu erwarten ist. Um das zu bestätigen, wären Untersuchungen auf einer großen Anzahl Stationen möglichst unterschiedlicher Breite erforderlich.

Im Hinblick auf die Ergebnisse in [5, 23, 24, 25 und 26] erscheint es notwendig, bei der Auswahl astronomischer Beobachtungsstationen für Untersuchungen des Windeinflusses auf folgende Einzelheiten zu achten, um künftig zu neuen und strenger vergleichbaren Erkenntnissen zu gelangen:

1. Geographische Breite,
2. maritime oder kontinentale Lage der Station,
3. Klima, insbesondere Häufigkeitsverteilung von Boden- und Höhenwind,
4. geologische Beschaffenheit des Untergrundes,
5. Höhenlage des Anomometers.

Die Berücksichtigung dieser fünf Punkte könnte im internationalen Rahmen nur durch koordinierende Maßnahmen eines internationalen Gremiums garantiert werden, wie es beispielsweise das B.I.H. Paris ist, oder im nationalen Rahmen durch ein Staatsgebilde großer territorialer Ausdehnung mit vielen Stationen unter Leitung eines Zentralinstituts.

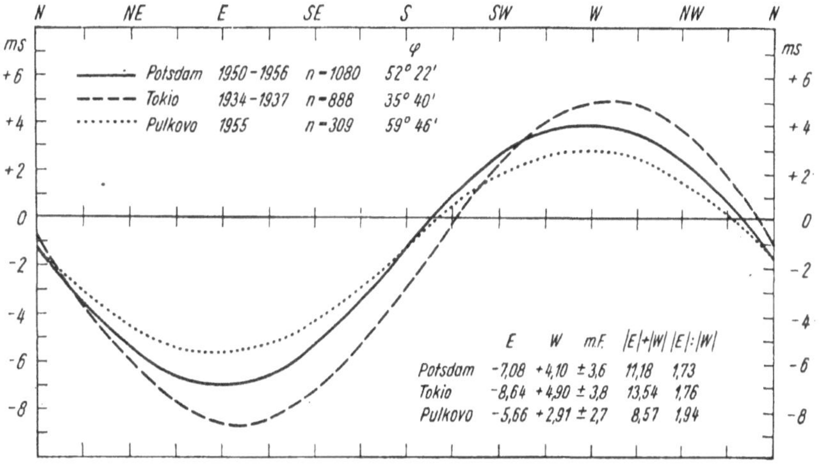

Abb. 33. Einfluß der Bodenwindrichtungen auf Zeitbestimmungen an drei Stationen

GESAMTÜBERSICHT

Aus 1080 Zeitbestimmungen an 865 Beobachtungsabenden der Jahre 1950—1956 mit fünf Beobachtern an vier Passageinstrumenten wird der Einfluß von Richtung und Stärke des Boden- und des Höhenwindes ermittelt. 537 Beobachtungen am Astrolab von Danjon der Jahre 1957—1959 werden bezüglich des Bodenwindeinflusses einer vorläufigen Bearbeitung unterzogen.

Zwecks Vergleichbarkeit der Ergebnisse mit denen anderer Zeitdienste sind die Windverhältnisse in Potsdam an den Beobachtungsabenden bezüglich Häufigkeitsverteilung und Korrelation von Boden- und Höhenwindrichtung dargestellt und die jahreszeitliche Verteilung von Windstärken und Komponenten mitgeteilt. Zur Untersuchung der Frage, ob der Windeinfluß auf Refraktionswirkung aus der Troposphäre zurückgeführt werden kann, wird aus den Höhenwinden ein mittlerer Gradient und bezüglich der Möglichkeit von Saalrefraktion werden die Differenzen zwischen Innen- und Außentemperatur des Meridianhauses ermittelt.

Zunächst wird nochmals, wie in [4], die Abhängigkeit der Zeitbestimmungen von der Bodenwindrichtung in Übereinstimmung mit Untersuchungen in Tokio, Leningrad und Pulkovo nachgewiesen und die Höhenwinde in derselben Weise bearbeitet. Die Untersuchung des Einflusses der Windstärken zeigt für Boden- und Höhenwind deren eindeutige Wirkung mit jahreszeitlichen Unterschieden, wobei, wie bei den Windrichtungen, der durchschnittlich größere Einfluß östlicher Winde hervortritt. Die vorläufige Untersuchung am Astrolab von Danjon führt zu einem ähnlichen Ergebnis.

Die Reduktion der 1080 Zeitbestimmungen mit Hilfe der Bodenwindkorrektion w bringt die geringe Abnahme des äußeren mittleren Fehlers *einer* Zeitbestimmung von $\pm 20{,}0$ ms auf $\pm 19{,}2$ ms. Die Anwendung der Korrektion w auf das Potsdamer Zeitsystem für 1959. IX. bis 1961. I., dargestellt in der astronomisch ungleichförmigen Weltzeit TU_0, zeigt im Zeitraum 1960. I. bis 1960. IV. eine Glättung im Verlauf der Uhrstände und eine negative Längenänderung von durchschnittlich $-3{,}0$ ms. An maximalen Einzelkorrektionen werden $+7$ ms im Februar und -17 ms im September erhalten.

Der letzte Teil der Arbeit befaßt sich mit den möglichen Ursachen des Windeinflusses an Hand vergleichender Betrachtungen und meteorologischer Grundtatsachen. Die Annahme von Refraktionswirkung aus der Troposphäre sowie etwaige Saalrefraktion scheint nicht bestätigt. Dagegen steht das verschiedene Verhalten der Luftmassen bei antizyklonaler und zyklonaler Wetterlage und deren Vertikalkomponente in bemerkenswerter Übereinstimmung mit dem unterschiedlichen Einfluß östlicher und westlicher Winde. Das deutet darauf hin, daß der Windeinfluß auch bei Arbeiten in astronomisch-geodätischen Netzen wirksam ist.

Die Übereinstimmung im Einfluß der Bodenwindrichtungen zwischen Tokio, Leningrad, Potsdam und Pulkowo sowie die Erklärbarkeit von Schwankungen der geographischen Länge zwischen Europa, Nordamerika und Japan [6, 5] mit Hilfe des Windeinflusses legt die Vermutung nahe, daß sich bei der Bearbeitung langjähriger Beobachtungsreihen die großräumigen meteorologischen Faktoren gegenüber den gewiß vorhandenen lokalen Besonderheiten jeder Station durchsetzen, die infolge mangelhaft erfaßter instrumenteller und persönlicher Einflüsse, wie der Architektur des Beobachtungsraumes und seiner Umgebung, in der Diskrepanz zwischen innerem und äußerem mittleren Fehler einer Zeitbestimmung zum Ausdruck kommen.

VERZEICHNIS DER ABKÜRZUNGEN

G.I.P.	Geodätisches Institut Potsdam	
ΔU	Korrektion der Uhrkorrektion, entspricht (e) in [27]	in Millisekunden
w	Windeffekt	in Millisekunden
ΔU_w	Um w verbesserte Uhrkorrektion	in Millisekunden
B	Bodenwind	
H	Höhenwind	
R, (R_B, R_H)	Windrichtungen	
v, (v_B, $v_H \cdot \varrho$)	Windgeschwindigkeit in Metern pro Sekunde	
E	Ost	
W	West	
K, (K_B, K_H)	Windkomponenten	
K_{BE}, K_{BW}	Bodenwindkomponente Ost und West	
K_{HE}, K_{HW}	Höhenwindkomponente Ost und West	
p	Amplitude	
$\tan \alpha$	Wirkungsgrad der Windstärke	
k	Absolutglied der Geraden $w = k + K \cdot \tan \alpha$; Windeffekt für $v = 0$	
I—IV	Meteorologische Jahreszeiten	
I	Dezember, Januar, Februar	
II	März, April, Mai	
III	Juni, Juli, August	
IV	September, Oktober, November	
t	Temperatur in Celsiusgrad	
t_i, t_a	Innen- und Außentemperatur	
t_A, t_E	Temperatur am Anfang und Ende einer Zeitbestimmung	
Δt	Differenz zwischen Innen- und Außentemperatur	
ms	Millisekunde (Zeit)	
m/s	Meter pro Sekunde (Windgeschwindigkeit)	
ϱ	Luftdichte in kg/m^3	
Kkf.	Abkürzung für Korrelationskoeffizient	
r	Korrelationskoeffizient	
r_z	Zufallshöchstwert des Korrelationskoeffizienten	
n	Anzahl der Beobachtungen	
m.F.	Mittlerer Fehler einer Beobachtung	
μ	Mittlerer Fehler eines Gruppenmittels	

LITERATURVERZEICHNIS

[1] Miyadi, M.: Wind-Effekt on the Time Observation at Tokyo. Astron. Obs. Report (1938—39) 24—32.

[2] Zverev, M. S.: Einfluß des Windes auf astronomische Beobachtungen. Astronomiceskij Journal **23** (1946) Heft 3.

[3] Dolgow, P. N.: Zeitbestimmungen mit Passageinstrumenten im Meridian. Moskau 1952.

[4] Krüger, H.: Über den Einfluß des Windes auf Zeitbestimmungen in Tokio, Leningrad und Potsdam. Vermessungstechnik (1957) Heft 5.

[5] Krüger, H.: Die Abhängigkeit jahreszeitlicher Schwankungen geographischer Längen vom bodennahen Wind. Monatsberichte der Deutschen Akademie der Wissenschaften zu Berlin (1959) 653—658.

[6] STOYKO, N.: Influence saisonnières sur la détermination des longitudes. Bulletin géodésique **27** (1930) 390–393.

[7] SCHERHAG, R.: Neue Methoden der Wetteranalyse und Wetterprognose. Springer-Verlag, 1948.

[8] FREIESLEBEN, H., und LANGE, E.: Gesetzmäßige Verfälschung von Zeitbestimmungen bei bestimmten Wetterlagen. Annalen der Hydrographie (1936) 60.

[9] MAHNKOPF, H.: Untersuchungen über die Genauigkeit von Zeitbestimmungen auf funkentelegraphischem Wege und unter besonderer Berücksichtigung der Zenitrefraktion. Verhandlungen der Baltischen Geodätischen Kommission, Berlin 1928, Helsinki 1929.

[10] KIENLE, H.: Untersuchungen über Saalrefraktion. Astron. Nachrichten **213** (1924) 5111.

[11] WÜNSCHMANN, F.: Über die Konstitution der Aerosphäre und die astronomische Inflexion in ihr. Dissertation, Leipzig 1931.

[12] SCHUBART, J.: Refraktion und mittlerer täglicher Temperaturgang. Astron. Nachrichten **281** (1952) Heft 5/6.

[13] KRÜGER, H.: Atmosphärische Einflüsse auf astronomisch-geodätische Beobachtungen. Vermessungstechnik (1954) Heft 10, 11; (1955) Heft 2.

[14] Bulletin horaire, Serie D–F, (1950–1956).

[15] UHINK, W.: Der Zeitdienst im Geodätischen Institut Potsdam. Astron. Nachrichten **281** (1952) 1.

[16] BOER, W.: Das Klima von Potsdam (II). Die mittlere Windversetzung in Potsdam. Abhandlungen des Meteor. u. Hydrolog. Dienstes **7** (1960) Nr. 53.

[17] CHROMOW, S. P.: Einführung in die synoptische Wetteranalyse. 2. Auflage, Springer-Verlag, 1942.

[18] VASILEV, M. V.: Der Abendfehler in den Beobachtungen des Zeitdienstes. Trud **12**, S. 268–281, Leningrad 1957.

[19] Linke's Meteorologisches Taschenbuch, II. Band. Akademische Verlagsgesellschaft Geest und Portig K.-G., Leipzig 1953.

[20] SIGL, R.: Über die Beobachtung genauer astronomischer Längen. Deutsche Geodätische Kommission, Reihe C, Heft 41 (1960).

[21] BUSCHMANN, E.: Zeit- und Breitenbestimmung mit dem unpersönlichen Prismenastrolab von Danjon. Vermessungstechnik (1959) Heft 6.

[22] VON HANN, J., und SÜRING, R.: Lehrbuch der Meteorologie. Leipzig 1915.

[23] LETTAU, H.: Über die unmittelbare Einwirkung atmosphärischer Kräfte auf die Erdkruste. Meteorologische Zeitschrift **54** (1937) Heft 12.

[24] TOMASCHEK, R.: Schwankungen tektonischer Schollen infolge barometrischer Belastungsänderung. Freiberger Forschungshefte C 60, S. 35–55.

[25] MINTZ, Y., und MUNK, W.: Der Einfluß des Windes und der Gezeiten der festen Erde auf die jährliche Schwankung der Tageslänge. Mounthly Notices of the Royal Astronomical Society. Geophysical Supplement **6** (1954) Nr. 9. 566–578.

[26] BOSSOLASCO, M., CAVO, und DAGNINO, I.: Sulla genesi dei microsismi (Über die Entstehung der Kleinbeben). Geofisica Pura e Applicata, Milano **38** (1957) 3, S. 45–56.

[27] Instruction manual Nr. VIII longitude and latitude. Publications committee of C.S.A.G.I., London 1956.

[28] AFANASYEVA, P. M.: Der Einfluß des Windes auf die Ergebnisse astronomischer Zeitbestimmungen. Trud **14**, S. 345–348, Leningrad 1960.

[29] HIERSEMANN, L.: Aufzeichnung langperiodischer Bodendeformationen mit einem Strainseismometer. Zeitschrift für Geophysik **27** (1961) Heft 1.

[30] CHARLIER, C. V. L.: Vorlesungen über Grundzüge der mathematischen Statistik. Lund 1920.

[31] HEYER, E.: Das Klima des Landes Brandenburg. Abhandlungen des Meteor. u. Hydrolog. Dienstes **9** (1962) Nr. 64.

[32] ELSÄSSER, H.: Die Szintillation der Sterne. Naturwissenschaften (Berlin) **47** (1960).

[33] PAVLOV, N. N. und STARICYN, G. V. Über die Änderung der Erdrotation während des IGJ und IGC. Astron. Journal **39** (1962) Heft 1, 123—134 (Moskau).

FSC
www.fsc.org
MIX
Papier | Fördert gute Waldnutzung
FSC® C083411

Kolibri 360 GmbH
Ferdinand-Jühlke-Straße 7
99095 Erfurt, Deutschland
produktsicherheit@kolibri360.de